〔日〕佐藤真一／著

吴佩俞／译

後半生の
こころの事典

老后生活心事典

上海社会科学院出版社
SHANGHAI ACADEMY OF SOCIAL SCIENCES PRESS

KOHANSEI NO KOKORO NO JITEN
By SHINICHI SATO
Copyright © 2015 SHINICHI SATO
Original Japanese edition published by CCC Media House Co., Ltd.
Chinese(in simplified character only) translation rights arranged with
CCC Media House Co., Ltd. through Bardon-Chinese Media Agency, Taipei.

本作品の後半生のこころの事典・佐藤真一は簡體字中國語翻訳版のカバーおよびすべての
広告において、しかるべき大きさで表示されなければならない。

前言　我们要如何面对"老"的到来？

在我们的人生中，每个人都会面临许多"人生事件(Life event)"的挑战。所谓的"人生事件"，指的就是让我们日常生活发生极大变化的重要事件，其中包括美好开心的，也有非常糟糕哀伤的，有时则是不好不坏的中性事件。

举例来说，像是升学与结婚、子女或是孙辈诞生、自己与配偶在职场获得升迁等情况，都是大多数人感到"美好"的人生事件。不过相较于这些美好事件，若遇到的是自己或是家人受伤生病、夫妻之间有所纷争、失业，或是失去亲人、面临死别等众多情况时，大多数人就会认为这些属于"糟糕"的人生事件。另外，像是孩子独立、与父母同住、自己与配偶的退休等情况，大多数人则认为是性质"中立"的人生事件。

许多的人生事件都是"将来某个时间点会发生在自己身上"的事情，但我们却无法得知这些事情会在何时发生。更何况，我们在人生下半场的60岁以后，常常要面对退休导致失去与社会连结、经济方面的压力与不安、父母与配偶死亡、疾病，或需要长期看护等重大情况，可说大都属于较为负面的挑战。因此，事先设想何时会发生何种人生事件，并深入思考对应方法是非常重要的。

还年轻的时候，人生就算失败仍然可以再次修正，但当人生进入下半场之后，想要重新站起就会变得较困难。如果对于人生事件采用错误的处置方法，人生的后半辈子可能就是无比的辛劳与寂寞啊！

不过，现在的你已经感到自己即将迈入人生下半场了吗？抑或是觉得距离仍然非常遥远呢？在进入本书正文之前，不妨再想想，我们究竟是在哪些时刻觉得"人生已经进入下半场"？或者心里是否已经感受到"老"之将临了？

至于我，则是在自己开始出现老花眼时就感受到"老"的到来。虽然原本就必须戴眼镜，但面对近视用眼镜慢慢看不清楚,必须改戴老花眼镜的情况时,心里还是大感颓丧失落。就像这样,对于自己迈向老年有所自觉的情况,就称之为"老化认知(Self-awareness of aging)"。老化认知包含了"由内而外的自觉"与"由外而内的自觉",像老花眼、重听、记忆变差这些自己感受得到的身心衰退,就是"由内而外的自觉"。

相对于这些状况,孩子与孙辈的成长、届龄退休,或是被当作老者对待等情况,则属于"由外而内的自觉"。

如果是在一般公司上班,也可能会因为调职或是转任等因素,而感觉到自己已经进入人生后半场。

但到了 50 岁左右,就已经很清楚自己是否已成为年过 60 也仍旧活跃职场的董事干部,抑或是权力核心之外的人。如果是后者的话,往往要面对的是薪资已经停滞,或是在公司要求之下调职、转任等情况。而且薪资的停滞与调职、转任,也是要求个人接受"自我的限制"。

从 50 岁到 60 岁这段时间,也是工作方面大多是在自我控制之下的阶段。自己本身也很清楚该做的事,而且若有担任管理职的话,也是必须向部下们发出指示的位置，当然自我控制的程度也会更深。不过，当面对薪资的停滞与调职、转任等种种情况时，却是我们无法有所选择的处境，甚至自己也完全无法掌握，只能顺从接受他人的单方面决定。因此，在自尊强烈受损的同时，我们也会逆向回到无法自我控制的状态，并且造成自我的限制。这样的情况同样也会为转往下坡的自己，带来所谓"老"的自觉与认知。

遇到这些情况时，如果只是选择自我限制，那等在人生前方的就是失意落寞的日子。只能心里想着，"明明已经这么努力了，公司却是这么冷淡无情""我的人生究竟是什么东西啊！"然后过着苦闷烦忧的每一天。不过，在即将到来的届龄退休开始之前，若把这个状况当作是暖身时期练习题的话，大家又觉得如何呢？

当远离至目前为止的熟悉工作时，能称得上是自己真正能力的究竟是什么？你又会把新的价值观置于何处呢？自己又是喜欢什么、讨厌什么呢？如果把它想成是领取薪水的同时，还能正视自己的内在，并对未来人生进行练习或是预备暖身的话，大家应该会更加欢迎这样的处境吧！

　　大家是否也曾因为家人之间关系有所变化而感受到"老"的到来呢？育有孩子的人，往往都是在孩子独立之后便开始感受到自己变老。当孩子们长大之后，因为升学或是成家立业而离开家里时，身为父母虽然可以从这个身份与职责得到解放而轻松不少，但在此同时却也感受到寂寞与孤单的来袭。特别是那些育儿工作占据生活极大比例的家庭主妇，有时也会因为空虚与不安而出现罹患"空巢症候群（Empty-nest syndrome）"的抑郁状态。

　　这个原因就在于父母虽然认为独立的孩子才是可靠的，但另一方面却又感到空虚寂寞的矛盾精神状态，可是这类的人生事件在现今的日本却是持续不断地减少，因为孩子们根本就不会离开父母而独立。

　　年轻人无法就业、无法结婚的现象常常成为社会的议题，但其实问题的背后始终有着父母的存在。如果是从前，孩子们会在体力与经济等方面慢慢超越父母之后，两者之间的权力关系最终会反转为由孩子们保护父母，而父母们也渐渐步入老年。可是，现在的情况却演变成孩子们不愿外出扩展自身的权力，反而留在舒适的家中拖拉发懒，导致永远也无法成长茁壮并超越父母。

从父母的立场来看，也因为有着不想对孩子松手而感到空虚寂寞的想法，所以看到孩子无法独立也不会加以怪罪责备。加上现今都是有如"朋友般亲子"关系，和以前的情况大不相同，所以和孩子之间的朋友关系如果持续下去，很多事情父母都会觉得很不错。举例来说，即使女儿到了30—40岁，母亲60—70岁了，仍然可以一起购物或是旅行，同样很有乐趣。

特别是孩子们在金钱方面无法离开父母而独立时，彼此间的羁绊也就更加强烈，父母与孩子们就这样无意地维持模糊的关系，拖拖拉拉地继续同住在一起。但父母们的身体终究会慢慢衰老，不久之后就需要看护照顾。如果父母到了70—80岁仍旧维持这样的关系，彼此互相依赖，许多的问题也就会浮上台面。

在这当中，目前已知未婚的中年儿子与高龄的母亲之间，容易发生与年轻夫妇相同的家庭暴力。原因就在于儿子与母亲关系亲近紧密，且性别也属男女之故。

像这种老年期问题的根源，与孩子的离家独立时期息息相关。虽然孩子独立后的寂寞空虚是迈向老年的第一步，但其实这也是为后半辈子带来幸福生活的一个步骤。

　　当感到衰老时，我们都会出现沮丧气馁，或是觉得厌烦苦闷，甚至想要逃避的种种反应。有些人则是装作不在意，或是想要努力克服，这全都是因为我们把"老"视为负面之物，并竭力想要逃避的缘故。

　　不过，"老"并不是只会失去各种东西的负面之物，只要借助你如何看待"老"，以及是否了解修正方法，就能彻底改变"老"的内在。我们真的能够将丧失转变为获得，并且开展出一个新的世界。

　　那么，要怎么做才能将丧失转变为获得呢？那就是正视自己的未来，并对可能发生的人生事件预先在物理与心理两方面都做好准备。有许多人为了退休生活而预先储蓄金钱，但是会对退休后生活做好心理准备的人并不多，但人生真正重要的正是心的准备。虽然很少人能够对于突发事件快速应变、处置得宜，但只要事先假设有可能发生的人生事件，并加以深思熟虑的话，还是能够不慌不忙地处理及面对事情。

在本书中,我们将从老年心理学的立场来察看预期人生后半场出现的代表性人生事件,将会为心理与行动带来哪种影响,并对应该如何处置进行深度思考。我们要怎么改变心理?怎么保持心理的稳定?如果想要在人生终点来临之前幸福生活的话,该怎么做才好呢?这些正是 60 世代(60—69 岁这个阶段)的主题,同时也是本书的主旨。

目　录

60 世代

（60—69 岁）

找出自己的本心与真义并加以实践的年代

60世代是人们与社会之间,连结方式大幅变动的时期。我们与社会的连结方法大致可分为三大类,也就是"借助工作""所在地区""透过家人"这三种。

　　首先,发生在工作职场上的最大人生事件应该就是"届龄退休"。当年纪到达退休标准后即离开职场的人现在正慢慢减少,但借助延长雇用与再次就业等因素而继续工作的人反而开始增加。不过,不论是前述的哪种情况,一般人在到达退休标准后,通常还是会被转移到跟以往不同的职场。而面对工作环境改变所采取的各种对应措施,将会大大影响人生今后的幸福感。

　　至于"所在地区"的最大人生事件就是"在地初次参与(开始参加居住地区的活动)"。特别是对那些以往都将职场作为主要生活地点的人来说,能否确保所在地区的自我生活空间,以及是否能于所在地区寻得具有意义的事,都会是非常重要的问题。

而在家人方面的最大人生事件，莫过于父母的死亡了。因为照顾看护父母的缘故，死亡也成了紧密接触的存在，但却也会让自己可以实际想象及描绘出人生的终点，并且深刻了解自己的生死观。

透过上述种种的人生事件而彻底了解自己的本心与真义（人生的意义、重要的事情）究竟为何，并且加以实践，就是丰富我们60岁年龄层与之后人生的最大重点。

1. 人生事件——"届龄退休"

失去了社会性的身份认同（Identity），也失去了未来。

一旦明确订出期限，就会产生"即将结束"的想法。

不过，只要将其转变为"仍有前路"，人也会随之改变。

前些日子，我出席了一场旧友的届龄退休庆祝会。老实说，当时的我心里一直烦恼着，"到底该不该说些贺辞？我又应该保持哪种表情？"只是到达现场之后的我，却反而大为吃惊。因为三四个月前见面时，意志消沉且嘴里不断叨念着"已经九局下两出局，根本没希望"的友人，竟然脸上堆满笑容，并滔滔述说着梦想。

他是一位教授老年医学的大学讲师，主要针对长寿人士进行长时间且持续性的研究。

不过，他担任部长一职的大学附属医院老年内科，却因为他的退休而被院方决定与其他诊疗科别合并。也就是说，他不但无法再持续进行自己的研究，连承接研究成果的部门也被裁撤了。这真是一大打击啊！因为我自己也是研究者，所以非常了解那种心情。耗费心血完成的研究，却无法传承下去而结束，简直就像是自己的大半辈子给毁了一样。

因为院方设下了年度结束后即予以裁撤的期限，所以他也灰心绝望地认为，"已经没办法了，这个研究真的无法完成了。"但现在却有了一百八十度的大转变，甚至开始述说起各种梦想，原因就在于大学方面以"无法拨付预算"的条件创设新的研究中心，所以他想要持续研究下去的目标获得了实现。

因为这个所谓的研究中心并没有任何预算，所以地点也只是大学中的一个小房间，而且还是没有报酬的无给职。不过，这些都不是问题。对于被设下期限的人来说，原本"这里就要结束"的想法，会让人感觉与未来失去连结。但情况若变成是"仍有前路"的话，结果可就大不相同了，因为出现在眼前的就会是一个全新的世界。

另外，虽然大学里有许多教授与讲师，但他得到的可是"特别聘任教授"这种只给极少数人的职称，所以也因此得到了身边人们的称许赞扬，而且接下来的研究调查也会变得更加容易。

因为如果是"前讲师"这个职称的话，说不定连"请让我抽些血液来进行研究"的要求都会因为难以信任而被拒绝，但"特别聘任教授"的头衔可就没有问题了。

也就是说，原本一度被视为无用之物的研究，不但得到了校方的认可，而且自己还获颁更棒的头衔，甚至还能借此完成研究或是传承给下一个世代，就好像已经失去的"未来展望"再次回到身边。所谓的"未来展望"，就如同字面上显示的，就是有关于自己未来的展望，在人生往后的道路上扮演着非常重要的角色。如果人对于自己的未来没有任何期待与展望，就会丧失活下去的动力。

那么，当我们面对"届龄退休"而必须与以往的职场生涯失去连结时,又该怎么做才能获得未来的展望呢?

简单说来,就是"怀抱梦想"。能否在退休之后找到想要完成的目标,或是魅力十足、充满吸引力的事物,对于我们的未来展望是有着深切的影响。那么,我们又该如何才能找到梦想,或是充满魅力的目标呢? 大家不妨试着想想看,"有什么事情是你失去金钱也想要做的?"

我的朋友在担任讲师时,虽然是领取薪资来进行研究,但退休后就算没有报酬,仍希望将研究工作持续下去。对他而言,研究是花费所有人生追求的重要梦想,也是人生的本心与真义。不过,对于大多数人来说,"即使没有报酬也希望继续进行相同工作"的想法应该是不会出现的吧! 在我的朋友中,也有公司提出延长雇用至65岁,但却不愿"做跟目前一样的工作、却只有一半薪水"的例子,所以友人在60岁的时候便退休了。

你呢? 觉得如何? 能接受即使没有薪水,也愿意从事现职时期的工作吗? 如果没有这种想法,那这个工作应该不是你的梦想,也不是你人生的本心与真义吧! 就算因为延长雇用而继续进行相同的工作,只要在这段时间内没有找到什么其他的梦想，就不会成为你人生的未来展望。不过，如果你曾有过"在工作之中，只有这个是没有薪水也想继续下去"的念头，或许这就是找到你人生本心与真义的途径。

就如同薪资一样，得自外部的报酬在心理学中被称为"外在酬赏（Extrinsic rewards）"。相对于此种情况，感到开心、满足，或是具备成就感，等等各种来自内在的报酬，则被称为"内在酬赏（Intrinsic rewards）"。另外，因为外在酬赏而想进行某事就称为外在动机（Extrinsic motivation）；而因为内在酬赏而想进行某事的情况则称为内在动机（Intrinsic motivation）。

"没有薪水也想继续进行研究"，其实就是"自己感到开心所以持续研究"，也就是因为自己的内在动机。"薪水只剩一半、所以辞掉工作"的情况，则是"能够获得金钱报酬所以工作，一旦没有报酬就不要做了"，所以是来自于外部的外在动机。不过，内外动机还是会彼此互相影响的。

举例来说，当你看到邻居脚部骨折而有所不便时，因为纯粹热心便决定帮忙开车载他到医院。"太感谢你了，真的帮了我很大的忙。"如果邻居像这样真心诚意地表达感谢之意，你就会感到很高兴、很开心，觉得自己"做了一件很好的事情"，事后应该也会觉得非常满足。

可是，如果邻居说："给你500块日元当作工资"，又会怎么样呢？你大概会非常生气，觉得自己"不会为了那么一点小钱帮这种忙！"或是心想，"如果是500日元，就应该要快去快回，怎有可能还等到诊疗结束啊！"当初的热心可能也会随之消失，会出现的大概就是这些反应吧！

因为内在动机而开始进行的工作如果获得外部报酬，也会使得内在动机随之下降。我们这里再举另外一个例子。

有些人都怀抱着退休后开始务农的梦想。期盼着如果从满载乘客的摇晃电车通勤生涯中解放出来时，就要享受乡村生活开始从事农业。盘算着即使刚开始的时候很辛苦，但只要习惯之后就可以贩卖农作物，多多少少都能赚点钱，应该就足够生活了吧！不过，以农事作为职业和以兴趣享受农作，可是完全不同的两件事情啊！

如果把从事农业当作职业，就必须思考到要尽可能地减少作业量，并且得到较高的售价。总而言之，就是效率第一。相较于上述情况，如果是因为兴趣而从事农作，目的则是享受培育作物的过程，所以减少作业量并没有任何意义，也不用考虑效率，而是要仔细用心地栽植作物。收成的作物也不会拿去贩卖，只要家人食用之后异口同声赞美："好好吃喔!"或是送给友人后得到一声："谢谢"，内心就会充满喜悦了。

一旦想要回收那些花掉的费用，就会因为"耗费那么多时间竟然卖不到什么好价格"而感到不满，或是"被告知作物外型不美观就没办法出售"而大为失望丧气，从事农作也就变得不好玩了。这是因为寻求的报酬，一旦成为金钱这种外在酬赏，满足感与喜悦等内在酬赏就会慢慢降低。

也就是说，构筑退职后梦想时，最好是抱持着"顺利的话可以赚点钱"的想法，并以享受梦想时刻为目的，而不是寻求金钱这类的成果。仔细思考从事梦想的时刻是否开心、是否充实才是重要的。做什么事情会很喜悦、或是能够得到充实的感觉，其实是因人而异的，所以我也无法直接断定说，"这个一定会很棒！"有些人喜欢从事农业，有些人觉得画画、欣赏音乐这些事情可以带来充实感，也有些人适合做公益活动，当然也有人会觉得，"还是继续工作才是最棒的！"但不管是哪一种，只要你自己能将"没有金钱报酬也想做的事情"和"即使花费金钱也想继续的工作"的思考，转变为退休之后的梦想及人生的本心与真义，人生的未来展望就会由此而生。

退休是身份认同的丧失。
如果对于职场还有所留恋，就无法获得新的身份认同。

其实，"届龄退休"也可以说是一种身份认同的丧失。

所谓的"身份认同"，简而言之就是对于"自己是谁"作出定义。不过，这并非只是自己认为"就是如此"即可，重点还是在于周围他人也会认同的状态。

举例来说，就算你觉得"自己是一个工作能力良好的优秀人才"，但只要周围人们认为"这家伙是个工作能力不佳的大麻烦"，就不会以你是优秀人才的态度应对。因此，自己也会觉得"咦？奇怪，好像不一样啊！"所以"一个工作能力良好的优秀人才"的身份认同，当然也不会成立了。

此外，所谓的身份认同并不是只有一种。一般说来，每个人都同时拥有好几种身份认同，像是"某某公司职员""某某商店店员"，或是"某某工匠师傅"这类的身份认同；或是"青春洋溢的二十多岁""成熟不惑的四十多岁"等年龄方面的身份认同。虽然哪种身份认同比较重要会因人而异，但是一般都是男性较为重视社会性的身份认同，而且多半都认为这才是自己的真正本质。

不过，等到退休来临，就会失去重要的社会认同身份。因为这种情况就像是丧失自我，所以也是极为严峻的挑战。到目前为止早已确立的自我，却在退休之后转变成为模糊不清的状态。如果能够顺利找到自我，并且获得崭新的身份认同当然很好，可是无法这样的话就会过着失意颓丧的日子。事实上，在我针对退休后人生意义的题目进行研究调查时，认识了这么一个人。

这位先生毕业自家喻户晓的著名大学,并任职于业界最高等级的产业保险公司,也是一个在精英道路上全力冲刺的人。当时他自己心里认为:"这样下去,要当上董事绝对没有问题,而且董事也没有退休年限,所以一定可以继续工作。"可是,后来他在人事斗争中败下阵来,被迫担任某个闲职,更在没有升上董事的情况下届龄退休。因此,他心中充满愤恨之情,大叹"自己竭诚为公司尽心尽力地工作,但公司却如此无情,而且明明还有许多重要的工作,为什么不好好重用我呢? 现在如果去其他公司,就只能做些无聊的工作了!"根本无法脱离沮丧的心境。结果,他并没有再次就职,最后过着每天只是看报纸和电视的平淡生活。

　　另外一位则是上市公司的副社长。这个人曾是前任社长的左右手,对于公司从小型企业一路成长到证券市场的上市公司有着莫大贡献。不过,当社长的儿子在美国取得 MBA 学位回国,并且接任社长一职后,这位副社长也立刻被驱离权力的核心,并且在董事会上毫无预警地被裁员去职。虽然不知道是否有对公司造成困扰,但这位副社长在那之后仍然每周回到公司一次,持续和原本的下属们谈话。

也就是说，当届龄退休而失去了"公司职员"这个认同身份时，只要仍有强烈的留恋与执着，就无法获得新的身份认同，当然也无法创造出新的人生起点。

相较于这些例子，像是那些原本家里就从事农业，自己一边上班、一边务农的人，退休后就比较容易转移生活重心。因为他们一开始就没有把人生的大幅比重置放在"上班族"这个社会认同身份上，而且平常的生活也已经深入当地牢牢扎根，同时拥有了其他的社会性认同身份。

几年前开始，到处陆续出现大声咆哮、咒骂的老人。有好一阵子，这种"暴走老人"甚至成为大家热议的话题。他们与"上了年纪的老人比较成熟稳重"的人们既定印象大相径庭，所以引起社会的重视与关注，而这个现象有时也与届龄退休息息相关。

到了一定年纪并正式从职场退休后，以往可让下属代劳的事情都必须改由自己亲力亲为。举例来说，如果到乡下地方，还是上班族时可先命令下属帮忙，自己无须亲自办理购买车票与预订旅馆等手续。即使要向公家机关提出申请，或是支付琐碎的金钱，也只要向总务或是会计等相关部门递出数据文件即可，接下来只须由该部门代劳即可。

不过，退休后就无法这样了。不管是车站或是银行等各个单位机关，都必须自己亲自前往且经过长时间的排队与等待，结果在轮到自己时却被承办人员告知"不是这个"之类的拒绝理由。当不断累积这种挫折后，最终就会出现大发雷霆的暴走场景。总而言之，这就是所谓的"退休冲击"，简单地说就是迁怒的行为。其实也是一种失去"某某公司部长"这种社会性认同身份而成为"平常人"之后，对于自己本身的不满与怒气。

孤独感测试

当面临"届龄退休"而失去社会性的认同身份时，我们心里常会涌出孤独感。所谓的人，原本就是一种社会性的存在，而且有着"希望被社会接纳认同"的根本性期望，当因为届龄退休而被迫切断与社会之间的关系之后，就会感觉到非常孤独。

特别是出现在前文的两个例子,这种对于社会性认同身份有着特别留恋的人,通常孤独感也会更强。

你自己呢?你是否也会感到孤独呢?接下来有个测量孤独感的简单测试,大家不妨做做看!

阅读以下问题,并在符合的项目上划圈。

问 1 觉得自己一个人孤零零的。

答 ①完全没有感觉 ②大致上没有感觉 ③是有这种感觉 ④常常有这种感觉

问 2 觉得自己被其他人孤立。

答 ①完全没有感觉 ②大致上没有感觉 ③是有这种感觉 ④常常有这种感觉

问 3 身边虽然有人,但却觉得心意无法相通。

答 ①完全没有感觉 ②大致上没有感觉 ③是有这种感觉 ④常常有这种感觉

问 4 觉得自己与身边的人有很多共同点。

答 ①常常有这种感觉　②是有这种感觉　③大致上没有感觉　④完全没有感觉

问5　觉得与其他人很亲密。

答 ①常常有这种感觉　②是有这种感觉　③大致上没有感觉　④完全没有感觉

问6　觉得有人了解真正的自己。

答 ①常常有这种感觉　②是有这种感觉　③大致上没有感觉　④完全没有感觉

（UCLA孤独感量表第三版减缩版）

答案①为1分,②为2分,③为3分,④为4分,测验完后将所有答案加总计分。

判定结果(50岁以上男女)为15至17分的"孤独感很高",以及18分以上的"孤独感相当高"。

至于我们自己进行的调查,结果显示50岁以上的平均分数为男性11.8分,女性为11.2分。如果将平均分数与标准偏差纳入计算的话,男女两性都是 15 分以上的"孤独感很高"与 18 分以上的"孤独感极高"的情况。

那么,这种"孤独感很高"的状态,指的又是什么样的状态呢? 所谓的孤独感很高,是指无法与他人形成期待的亲密关系的状态,也就是无法满足所求的状态。也可以说是与他人之间关系并不融洽,并且有所烦恼的状态。

若要消除此种状态,尊重对方想法正是首要之务,也就是不要只在意自己的需求,而是必须尊重对方的心情与感受。另外,也要多多思考应该采取哪些行动才是尊重对方,同时更要努力地在彼此接触时保持温暖笑容。

此外,增加与他人见面的机会也是非常重要的。在心理学中,有一种现象被我们称为"单纯曝光效应(Mere exposure effect)",也就是即使没有抱持特别目的,只要增加接触次数就能提升好感度的现象。这个效应现象与我们在电视等媒体频繁看到某人而对其抱有莫名好感的情况相同。见面次数越是频繁，好感度也会随之上升，彼此关系也更容易亲密。也就是说，自我封闭般地躲在家里是无法消除孤独感的。常常出席与其他人见面的场合，就可以让自己对于周围人们，以及周围人们对于你的好感度都获得提升。

另外，凭借"自我表露（Self-disclosure）"的增加，也同样具有效果。所谓的"自我表露"，是将自己个人的事情告诉对方，在进行这样的行动后，人与人之间也会变得更加亲密。加上自我表露具有回馈性，所以当对方向自己进行自我表露后，自己若未适当回馈的话，也会让对方感觉不舒服。

具体说来，可以假设在工作场合遇到的人畅谈着"虽然在学生时代曾踢了一段时间的足球，但进入公司后就只会看电视了"。

听到这段话时，应该会比总是只讲工作方面事情的人来得更有亲近感。这就是一种自我表露，当你听到这些话时，应该也会讲些像是"我也非常喜欢足球，上次世界杯那次……"这类的个人想法与感受吧！

虽然自我表露的内容可以是兴趣、最近观赏的电影、擅长的运动等各式各样的话题,但如果将属于个人的秘密开始告诉对方时,却会造成孤独感低下的状况,就像是年轻人有关就业与恋爱方面的事情、老年人的唠叨病情、中年人的工作与儿女的事情,或是现在的梦想等这类事情。只是太过深入的内容会造成对方的心理负担,所以大家对这点务必要多加留意。在不造成对方沉重心理负担的同时,真心诚意地展露内心的想法,你应该就可以不再感到孤独了。

> 届龄退休并非终点。
> 而是人生追求复合式生活方式的起点。

　　在很久以前,工作到一定年龄退休被视为一个终点。当时有许多人描绘出来的是退休后领着年金,偶尔前去旅行,过着悠闲的生活。

　　不过,时至今日,情况却早已大不相同了。根据 2013 年所实施的高龄者雇用安定法修正版,日本已开始针对 60 岁退休后至 65 岁之间的雇用给予明确的保障,而工作的劳动者本身想法也出现了改变。在 2005 年以团块世代（注：指日本战后出生的第一代。狭义指 1947 年至 1949 年间日本战后婴儿潮出生的人群，广义指昭和二十年代，即 1946 年至 1954 年出生的人群）为对象所进行的调查中，认为"退休"是"崭新出发"的人数（45.5％）已经比当作是"第二人生"来得更多了（32.4％）。

60 岁人们的平均余命大约是男性为 23 岁，女性为 28 岁（数据源为 2014 年日本厚生劳动省）。这也表示，男性在六十岁届龄退休后，平均还可活 23 年，女性则为 28 年。如果只是随意度日，就会成为一段太过漫长、又太可惜的岁月。原本，日本的退休制度是基于人们在成为高龄者后无法充分发挥能力的考虑所制定的，但今后的状况却非必然如此。有大半的人在到了 75 岁左右，仍可保持身体及心智良好而持续工作。

因此，美国便认为尚有工作能力却在一定的年纪被强迫退休的情况，属于一种"年龄歧视"，故在当地并无所谓的届龄退休制度。不过，在日本却因为与年轻人争夺工作的问题、年功序列（注：日本常见的企业文化，就是根据员工的年龄、年资，以及职务来加以排列订定标准化的薪资）的想法等情况，而形成了一种用年龄来评断人的传统，所以不知道能否像美国那样废除所谓的届龄退休制度。

只是，个人化的标准也不再是以往的退休定义，而是应该将退休视为不过是一个人生阶段。就和从学校毕业一样，如果无法将退休当作是一个人生的段落而从此处崭新出发，并且追求复合式人生的话，长寿社会的生活设计也是无法成立的。

> 平日工作与周末休息的区别已经消失。
> 没有计划的生活并非解放，而是束缚。
> 重要的是将日常生活的型态予以固定。

当我们还在工作时，每天的生活总是被各种计划给紧紧束缚着，而且除了当日行程之外，更有着以星期、月份、年份为单位的各式各样目标及计划，原本应该是由自己所拟定的计划，到头来却是自己被行程计划给控制了。话虽如此，我们在时间的流逝中，总是计划着不久的将来而生活着,如果能够按照计划顺利进展的话,当然也会获得很大的成就感。

借此完成各项预定计划,即可获得"确实执行工作"的感觉。

虽然这么比喻有点极端,但与此完全相对的状态应该就是被关在监狱了。一旦进入监狱服刑,就无法由自己安排行程,加上刑期有一定时间,即使知道几年内都会被关在牢里,但还是无法在这段时间内由自己制定计划。也就是陷入一种既无法由自己决定自己将来,也无法抱持未来展望的状态,实在是非常痛苦啊!

离开工作岗位退休,也是一种类似的状态。刚开始时,会因为从平日计划中得到解放而开心喜悦,但因为接下来也没有任何行程,所以就慢慢感到苦闷烦心,甚至对于未来的展望也日渐失去期待。如果用其他的说法来形容,所谓的"退休",就是我们被外界形塑的日常生活不再出现,我们必须创造自己的日常生活重心,但因为我们早已习惯过着别人形塑的日常模式,所以就成为一件非常困难的事情。

不知道各位是否曾在平日白天去过图书馆?如果去

过的人应该都很清楚，图书馆里几乎是座无虚席地挤满人，其中有许多都是退休后的男性，总是一直待在位子上看着报章杂志。原本图书馆是在民众必须借书或是调查资料时，才会前往的非日常性空间。可是从另一方面来说，每天前往图书馆报到已经属于一种日常性的行为了。也就是说，这些几乎日复一日前往图书馆阅读报章杂志的人们，把非日常生活变成了日常的生活。

还有一位是制药公司的董事，他说自己在退休时曾跟太太约好，"退休之后每个月都要享受一趟豪华旅行"。因为董事的身份，金钱方面当然没有问题，但也有想要好好补偿、因为过于忙碌而无法和太太好好相处的歉意。所以这位先生才会想说，"要在退休之后四处休闲旅行"。他在离开工作岗位后也确实遵守了约定，每个月都出门享受奢侈豪华的旅行，不但乘坐绿色车厢（注：Green Car，日本国铁与 JR 等铁路公司的一级豪华车厢），当然也是投宿高级的饭店。刚开始，他也拟定计划到处走走看看，的确也是非常开心。可是，连他自己都很意外的是，居然经过半年就感到厌烦了。

如果实施"届龄退休后想要从事何种活动"的问卷调查，"旅行"一定都是最先出现的答案。大家当然都想要去旅行啊，原因就在于旅行是一种非日常的典型。当还在就职时，若因日常生活而感到疲倦不堪时，任谁都想要置身于非日常的空间里。

可是当失去日常生活时，非日常当然也就无法成立了。只要非日常成为了日常，我们也会跟着不开心。那些每天前往图书馆阅读报章杂志的人们，说不定也觉得不开心啊！

如果是"因为今天有时间，所以去图书馆阅读之前就想看的书籍！"这种情况当然会觉得开心，但如果是每天都固定向图书馆报到，并有如尽义务般地阅读杂志，应该就不会感到开心了。

在我和刚刚提到的那位前制药公司董事男性进行会谈时，他正以义工的身份接送附近长者们前往医院看诊。或许他在路上还跟其他人发牢骚说："去旅行一点都不好玩""每天时间太多真是困扰"等等，而且应该因为他与制药公司的关系，别人才会介绍这份义务接送长者来回医院的工作。加上，他还提到"除了载送之外，近来也开始陪伴长者们进行诊疗"。所以可以知道，他很积极地参与各种义工活动。对他来说，从事义工活动已渐渐成为他人生的本心与真义。甚至他还提到，"自从担任义工之后，与妻子相伴旅行的活动也跟着恢复了"。借此创造出自己的日常，那些偶尔进行的非日常旅行也就会变得更有乐趣。

我们可以从这件事了解到，将日常的生活型态固定下来是很重要的。所谓创造出适合自己的日常生活，并非只是用来打发时间，重要的是要创造出拥有未来展望的充实日常生活。就算要到图书馆去，自己也可以设定"调查乡土史""了解植物种种"之类的个人题目，同时拟定将调查所得资料予以集结成册，或是写在微博，或是在地方文化祭上发表等种种目标，这样每日来回图书馆就会成为一种未来展望，日常生活也会变得更加充实。

当生活中再也没有任何计划与行程时，对人们来说根本就不是解放，而是另一种形式的束缚。

> 人无法忍受空虚的时间。
>
> 重点在于该如何减少空虚的时间，增加充实的时间。

　　一般人根本无法忍受脑中没有想法、持续保持一片空白的状态。即使休假时想要"今天什么事都不要做"而躺着，只有脑子还是会继续运转，常常等我们回过神来后，才发现自己又在想事情了。之所以浮现在我们脑海中的，多半都是平日始终挂心或是不太放心的事情，大部分都是不太好的事情。也就是说，我们的脑袋常常处于过度思考的状态。

　　不过，如果空虚的时间只是一次性的话，那倒是无妨。因为我们平常的生活总是非常忙碌，心里总期盼着拥有放空发呆的时间，所以无所事事的时间也是有其意义的。可是，如果是平常就没有做什么事的话，就不会需要发呆放空的时间。如同有日常生活也会有非日常生活一样，有充实时间同样也会有空虚时间。

　　在退休之后，专注在工作上这类充实的时间也会消失。那些让人觉得厌烦与束缚的工作，其实从另一方面来看，就是可以给人喜悦与成就感的充实时间。很少有事物能够像工作那样，带给我们强烈的成就感及充实的时间。要想在退休之后还能够如同工作一样拥有充实的时间，其实是很困难的。

因此，很多人退休后不管做什么，都还是觉得没有乐趣。不过一般人并无法持续忍受空虚的时间，所以就必须尽可能地减少空虚的时间，进而增加充实的时间。但是我们又应该怎么做呢？

那就是多加观察，并且用心创造出"Wonderful"的生活。虽然"Wonderful"大多翻译为"美好的、精彩的"，但其实"Wonderful"原本应该解释为"Wonder.ful"，也就是精彩不断的"惊奇(Wonder)满溢(ful)"之意。

人们在上了年纪后，还会惊讶赞叹的事情也会跟着变少。虽然孩提时代的每一天总觉得惊奇不断，但不知何时开始就不再对外在事物感到讶异了。可是，如果我们愿意多加用心的话，对于外在"感到惊奇"的能力还是可以苏醒恢复。不过，所谓多加用心，并不是心里想说："啊，之前也有过这样的事情，又没什么特别！"或是以"这不是和之前一样吗?"之类的看法,而是仔细观察周围事物,或是试着与人交谈等等,就能发现更多的惊奇与精彩。

举例来说,当花朵盛开,或是枫红片片等季节时,只要开口赞声:"风景真的好美!"连心情也会随之一变而大大不同。只是默不作声而安静走过的话,根本不会有任何惊奇发生。可是如果开口赞美:"真是漂亮!"并和一旁的人们站着闲谈,当时的情境就会留在记忆之中。"当时风景真是漂亮"的惊叹也会深深刻划在我们的心上。或者只是出声赞叹:"对面公园的樱花开得可真漂亮!"搞不好变成大家一起去赏樱等等。这么一来,不但找到同伴,而且世界也变得更加宽广了。

出门购物时,只要跟店里的人说说话也会找到许多惊奇。像我自己,有次去到卖酒的店家想购买"吟酿酒"(注:日本清酒的某个级别,以米、米曲、水、酿造酒精为原料,且酒精浓度为 60% 以下),结果老板却问我:"今天晚上要吃什么啊?"后来问了原因才知道,"饮用吟酿酒时,若搭配加有酱油的食物就会感觉发出苦味。"所以,用来搭配沾取酸橘醋的锅类料理是没有问题的。因为我不太清楚这部分，所以也稍微地感到惊奇。

当因为工作而必须前往某处时，说不定我们途中并没有时间可以悠闲赏花。或是我们专程出门购买工作必须用品时，根本也不会站着跟谁说话攀谈，只能选择快去快回而已。

我们因为工作而获得了充实感，所以也不会将视线转向其他地方，甚至常常陷入绝大多数时间都贡献给工作的状况。不过，只要我们好好运用退休后的时间，就能把注意力放到各式各样的事物上。借此用心观察并创造出"精彩"的生活，日常的时间也会更为充实。

> 生活方式是能够改变的。
> 我们必须抑制恶劣因素，并促进良好因素。

有些人则是怀抱着梦想，希望趁着届龄退休而归返故乡，或是开始度过乡村生活。有两点是这些朋友应该在事前考虑清楚的。首先的第一个问题是，要如何固定日常的生活模式。当然不可能只是因为去到乡下,就能过着充实的生活。在搬到乡下之前,事先想好到了之后会有何种日常生活,以及是否能够拥有充实生活等问题,才是乡间生活是否充实的重点。

另一个问题则是,自己的配偶是否也拥有相同的梦想。

在大多数情况下,想要归返故乡过着悠闲乡村生活的都是先生,妻子通常是反对的。如果夫妻两人来自同样地方当然另当别论,但所谓回到故乡是先生的故乡,并不是太太的老家。先生与故乡朋友及亲戚会面不但开心,也可以出门逛逛,但妻子在此处没有朋友与家人,对于当地也没有任何回忆,所以根本开心不起来。

就算去到先生故乡之外的乡村地区,太太一般还是不会感到开心。因为身为妻子,当然很清楚去到任何地方都是延续既有的日常生活,但如果是操持家务、照顾先生这样的生活,与其去到不熟悉又不方便的地方过日子,还不如留在现在已经非常习惯的城市。

当我们想要采取任何行动时,都一定会同时具有"促进因素(Effective factor)"与"抑制因素(Controlling factor)"这两种。在乡村生活这个例子里,先生方面同时具有了"亲近自然""居家宽广开阔""与邻居往来的乐趣"等促进因素,但却也有着极度"生活不便"的抑制因素。另一方面,对于太太来说,乡村生活虽然有着"购物不便""房子设备不够齐全""与邻人往来非常麻烦"等抑制因素,但却也有着极具吸引力的"亲近自然"这个促进因素。因此,如果想要搬到乡村生活的话,最重要的是要用心了解状况,以及仔细询问配偶以确实掌握什么是抑制因素,并且努力降低抑制因素的影响,进而增加促进因素效果。

如果想要将届龄退休当作起点,而期待改变生活方式也是一样的。举例来说,到目前为止都过着夜里晚睡的不规律生活,心里虽然想要改变为早晨即起的规律生活,但却只停留在想要的层次,最后总是无法彻底实施改变。这是因为此状况具有"早起很痛苦""就算早起也无事可做"等抑制因素。如果想要改变此种状况,就必须找出能够超越抑制因素的促进因素,也就是获得此事带来的乐趣。

当看到早起活动的年长者时，也可以互邀成为同伴健行慢跑，或是做做广播体操。与其他人见面谈天说地、或是运动身体都是很有乐趣的事情。有许多人就算是仍在工作岗位上努力，也会在上班前先去跑步或是冲浪。即使觉得有工作而要早起是很辛苦的事情，但只要让活动身体带来的爽快感及与人交谈的乐趣等促进因素，超越早起很辛苦的抑制因素，就能够继续坚持下去了。

收入骤降锐减，不安持续增加。

即使退休仍会受到现实社会的影响。

对于将来会在不安定的社会中度过老年生活，必须做好心理准备。

虽然日本以往都属于安定的社会，但今后却会持续转变成为美国这种类型的不稳定社会，种种现象包括根据工作能力给薪、创业人口增加、职业流动与贫富差距都会越发激烈等等。人们在到达一定年龄正式退休后，即使感觉渐渐失去与社会动向之间的关联性，但实际状况

却非如此。因为年长者们全都必须在不安定的美国类型社会中，度过自己的老年期。

从另一方面来说，日本并不是美国那种完全"凭借己力"的社会，愿意冒着风险进行投资的人并不多。加上也不像北欧社会那样由政府一路照顾至人生终点，所以大家都会进行储蓄。即使政府多次尝试将储蓄转向投资，但却始终未能改变人民储蓄的习惯，反而情况越来越严重。

之所以会演变成这种情况，是因为人如果没有钱，就会失去死亡的场所。当我们需要看护照顾时，若询问是否可进入特别养护老人中心这类公营养老机构，却总是因为排队候补的人太多，要想进入中心几乎是不可能的。看护设施没有增加、医疗床数也没有增加。就算育有子女，也无法依赖他们。孩子们因为没有日本以往的安定雇用保障，所以在经济方面根本没有余裕可以协助父母，甚至有些例子是因为必须看护父母请假而被开除，根本就很难照顾到父母。

目前只有付费老人中心这类民间机构还在增加。也就是说,如果身上没有一定程度的金钱,根本就无法进入这类设施养老,连死亡的场所都无法确保。就算想在自己家里走向人生终点,但使用看护(注:长期看护)保险仍同样需要费用,且超过保险额度后的协助措施也还是需要自费。

其实退休后的金钱问题是很庞大的,也是非常沉重的负担。至于具体措施究竟为何,因为目前市面上已经出版了许多主题为老后生活安排的杂志及书籍,所以大家可以多多参考,我们在这里要思考的是心理层面的部分。

人在没有收入之后,就会开始感到不安。努力工作取得收入,可以获得能够维持生活的安心感,但一旦正式退休,除了那些拥有足够年金与储蓄的人以外,大多数人都会开始有所不安。特别是女性,一般而言都会比男性更容易感到不安,而且还有着寻求安定的倾向。但相较于这种状况,男性们寻求的却是浪漫的情怀。虽然现实状况下也是认真工作换取收入,但许多人心中还是觉得梦想与热情是很重要的。

当还在工作的时候，寻求安定的妻子与追求理想的先生在心情感受方面，仍可取得彼此之间的平衡。不过等到先生正式退休而没有收入后，妻子会感觉安定性方面受到威胁，所以常常造成夫妻关系的恶化。妻子会说："没去工作会让家里很麻烦"，先生则是回嘴："又没什么好工作"或"那种工作我才不想干"之类的话，结果就是两人不愉快而开始吵架。

也就是说，在面临届龄退休的情况时，除了拟定金钱方面的计划，同时也要预先思考如何在彼此想法方面取得平衡。对于没有收入的情况是否会感到不安？如果真会觉得不安，到底是先生要继续工作，还是太太要继续工作，抑或者是两人都维持工作？那又要怎么工作呢？家事的分配又是如何？像这类的问题最好两人事先就多加思考讨论。

如果在这方面含含糊糊带过，并直接进入退休生活的话，推断两人必定会发生冲突，可是一点也不为过的。在拟定退休后金钱计划时，就是一个彼此坦白感受的极佳时间点。请大家务必把握这个机会，彼此好好讨论看看。

> 对于妻子的依赖,夫妻的交错分歧。
>
> 虽然先生表示想与妻子在一起,但妻子却说想要独自一人。
>
> 退休后要面对的,先生与妻子的独立。

先生在退休之后,表示"想和太太一起共享未来的人生!"但是妻子却说:"请让我一个人就好"。只要在演讲时提到这些话,总是在会场得到极大的回响,应该是因为大家都很熟悉这些情节之故吧!先生在退休之前始终以工作为优先,从未与太太一起做些什么事情,所以心里便怀抱着退休之后要和太太两人融洽共度人生所有事情的浪漫梦想。不过,太太心里可不是这么想的。

如果针对届龄退休前夫妻的满意度进行调查,夫妻两人几乎在所有项目都有着一致的满意度。先生觉得满意的,太太也觉得满意;先生觉得不满意的,太太也觉得不满意,但只有一个项目会出现极大的分歧,那就是社会性的评价。

如果妻子也同样在工作的话就另当别论，但如果是家庭主妇或只是打工性质的工作，就会出现因未能获得社会性评价而无法满意的情况。

因此，太太为了得到社会性评价便会十分努力。她们有效率地处理家事，一点点地找出自己的时间，并且出门和朋友聚会、加入兴趣相关的社团，或是参与地方上的义工活动。尤其在孩子长大已能自立后，这些活动就会更多、更频繁。因为和朋友之间彼此称赞或是提升学习事物的技巧，并且一同进行帮助别人的公益活动，所以取得了社会性的评价，进而获得满足感与满意度。

可是在另一方面，先生因为工作而获得了社会性评价，所以满足之后就不想再开拓工作以外的领域。完全埋首于工作之中的先生在退休之后，可说是自我世界一片空白。这样的先生脱离社会之后，完全不知道自己该做些什么事情，自然想要依赖太太，但妻子却对此敬谢不敏。

以实际上的问题来说，当先生每天都待在家里以后，太太的家事负担也随之增加。当自己一个人时，可以用剩菜剩饭打发一餐，但先生在家后就要煮点食物。想要出门还要被先生问道:"你要去哪?""什么时候回来?"之类的问题,实在是够烦人的!

我想如果先生将太太尽快送出家门,并在看家的期间进行大扫除的话,太太也会很感谢吧。不过大多数人的情况却都是脸上露出不悦神情,唠叨念着:"又要把我丢着跑去哪?""老是自己跑出去玩,实在是太不像话了!"这么一来,当然两人就会开始吵架了。夫妻之间的关系原本因为周间与周末、日常与非日常的区隔而顺利维持,但却因为先生退休的缘故而使得区隔消失,当然也就难以相处融洽。

那么,到底要怎么做才好呢? 我想应该是将对方视为与配偶一词不同意义的同伴,也就是伙伴、同事,或是同行者等等。退休之后,虽然夫妻两人会再次回到夫妇的时期,但是与年轻时不同的是,这并不是夫妻成为一体的时期,而是夫妻两人彼此都能独立的时期,也是一个互相认同彼此都属于单一个体的时期。

很多人都认为彼此身为夫妻就任性以对,或是觉得"我不用讲也应该要知道",但如果把对方当作是伙伴、同事，应该就会在要做某些事情时确实说明自己的想法，并期待得到对方的理解与协助。如果是这种意义的伙伴关系，并抱持尊重对方的心情，相信夫妻在退休后仍可融洽相处。

> 退休之后，失去了家里的安适场所。
>
> 所谓的安适场所，就是认同自己存在的场所。

我们常常可以听到很多人在退休之后抱怨"没办法在家里安心待着"，或是被家人"当作大型垃圾对待"之类的事情。我想这应该是因为整天什么都不做且无所事事，才会被家人认为造成妨碍。不过原本在日文中被称为"居场所"的所谓"安适场所"，指的又是什么场所呢？

假设有喜欢看书的人，一整天就只抱着书本猛啃。这个人因为在家里看书时，被家人叨念几句："不要整天只会看书，偶尔也要做点家里的事吧"，所以就每天到图书馆去看书。那么，对这个人来说，所谓的"安适场所"到底是家里还是图书馆呢？

对这个人来说，家里不是安适场所是很明确的，但如果是图书馆就是他的安适场所，也是不正确的。因为他无法待在家里，所以只好到图书馆来，而且做的事情跟在家里是一样的，只是变成一个人自己进行而已。

所谓的"安适场所"，指的并不是自己一个人进行某些事情的场所，也不是指在该处进行的行为。对于在公寓单独生活的人来说，公寓也并不是安适场所，而仅是居住的住处而已。

其实，"安适场所"是指"和某人在一起进行某事的场所"。也就是说，这是一个将与他人之间关系作为前提的词汇。在日文中，"居场所"的"居"有着确定某人待在该处的意义。换句话说，这就是一种周围人们对于此人存在于该处予以认同的状态。当还在职场上打拼工作时，职场就是一个安适场所，那是因为同事与上司、下属都认同你的存在意义，同时也是因为大家一同进行工作之故。

总的来说，所谓的"没有安适场所"，是指认同自己存在意义的场所并不存在；而"家里没有安适场所"则表示家人并不认同自己的存在意义。那么，要怎么做才能让家成为所谓的"安适场所"呢？

那就是为家人做些什么事情，或是做些对家人有用，或可让家人开心的事情。但或许有人会很生气，觉得"长久以来一直为了家人努力工作，难道连退休后也非得做些什么事情不可吗？"但是在先生工作的期间，妻子也是一直在背后支持先生啊！而且先生即使退休之后整天无所事事，妻子还是无法从家事退休，当然也会想抱怨、唠叨啊！

因此，大家不妨学会一些拿手绝活，像是"家里全部的鞋子都由我来擦"，或是"我来做些咖喱或是关东煮""熨衣服全都交给我好了"之类的事，并且亲自实践看看。当然，如果能够煮饭、洗衣、打扫等家事也能全部参与分担的话，那当然是最好了。不过，要在突然之间全都自己处理还是太过勉强，所以应该尽可能在完全退休之前就预先开始练习自己会做的，以及能够持续下去的工作。

这并不仅仅是出门去哪些地方、做些什么事情等等固定日常生活模式的行为，而是可以让家人开心、并且寻得自我安适场所，借此得以固化生活的行为。即使一开始是基于义务感而开始的，但只要听到家人的感谢，或是见到家人的喜悦，就会得到回馈而干劲十足。

那如果是一个人独自生活的话，又该怎么做才好呢？如果是单身的人退休之后，或是夫妻一起生活但配偶后来去世的话，有时也会因而失去安适场所。虽然有人会说："女性原本就擅长家事，就算是一个人也没有关系。"但即使会做家事，家里同样还是会失去安适场所。

因为想要听到先生开心说："好吃"而为家人下厨煮饭，和只是为了自己做饭，意义是截然不同的。事实上，也曾有人在"先生去世后就失去了料理食物的动力，结果导致身体出现营养失调的状况"。

在乡下地区，有时可以见到年长者们各自带着一、两道自己煮的配菜来到集会场所，大家聚在一起用餐的情况。如果有这种联系或组织的话，大家都不会失去安适场所，但在都市地区应该是比较困难的。因此，如果住在都市地区的话，就要事先意识到这个问题，尽早于所在区域寻得自己的自在安适场所是非常重要的。而且不是只有自己、或是家人及夫妻这类封闭的人际关系，像所在地区这种较为开放的关系中也可以找到安适场所。关于此部分,我们将在后文的"3.人生事件'小区活动的参与'"一文之中加以详述说明。

2. 人生事件——"延长雇用、再次就职"

> 在相同的职场继续工作。
>
> 与下属的职位完全逆转,薪资也随之减半。
>
> 要如何才能提高满意度呢?

之前,我们曾经针对"届龄退休"人士进行过满意度的调查。在这个调查中,满意度最高的是自行创业的人士,接着是转到其他公司再次就职的族群,第三类则是在相同公司延长雇用的人们,而满意度最低的一种人就是完全辞掉工作的人。

从我们之前见到的例子,就可以了解为何完全辞掉工作之后满意度就会低下了。总的来说,就是失去社会性的身份认同,也不再抱持未来展望之故。不过满意度次低情况中,那些被原本公司继续雇用的人们倒是令人非常意外,因为留在相同公司继续工作的话,大家都会觉得即使工作内容完全不同,但待在熟悉环境继续工作是精神负担最小的啊!

可是实际的情况并非如此,那些在相同职场持续工作人们的满意度,其实是远低于转往其他公司再次就职的。之所以会有这个结果,应该是因为职务停止升迁后造成与下属职位完全逆转,而且同样工作却只有以前的一半薪资吧!虽然这份工作相较其他机会还是比较好,所以选择留在原本公司,但心里仍不免觉得"不应该是这样子的啊!"

那么,如果我们选择了留在相同职场工作时,又该怎么做才能提升满意度呢? 首先,务必要停止对于职务及薪资等外在酬赏的在意,并将关注重点转向自己本身的充实感,以及工作所带来的乐趣等内在酬赏,也就是将我们的工作目的由外在酬赏替换为内在酬赏。不过话虽然是这么说,但想将退休前早已习惯的工作方式及经验完全摆脱,还是很困难的一件事。那么,我们究竟该怎么做呢?

要完全摆脱这种想法的秘诀,就在于活化自己的多面性。所谓的持续雇用,就是表示目前职务及薪资获得提升的自我扩张(Self-aggrandizement)已经难以实现。因此,若是继续维持追求自我扩张的原有态度,就无法保有自尊与工作的动力,当然也无法得到满足感。所以,我们必须将自我扩张的想法加以改弦易辙,试着找出至今仍沉睡在自我内心的多面性。

举例来说,就算是相同的工作,应该也不会只有一种做法。当我们的目标设定为自我扩张时,都会在多种方法中选择最为确实且最有效率的良好方法,但现在我们可以绕点远路改采其他方法试试看,或试着和不同的人见面,只要觉得有趣的事情都不妨试试看。如果有机会的话,也可以挑战看看其他的工作。或者从既有经验中找出有兴趣的事情用心去做。如此多样化尝试后,一定能够自行开发出自己内在的多面性。

我有一个朋友在社福类组织团体工作多年,届龄退休后仍由该组织团体持续聘用。在退休之前,他工作的职场虽因社福属性而有许多与高龄者相关的工作,但他原本之所以会进入社福领域,是因当时想要从事残障孩童相关福利工作之故。

因此，当他接受公司的持续雇用后，便采取了较以往更为圆融灵活的立场，并开始倾力于残障孩童们的相关工作。结果，与孩童相关的工作便逐渐集中到他这边，现在几乎成为了他的专职领域。

经过长年的工作后，我们应该都能确定"自己是否真的想要从事这份工作"，或是"想要专注在这些领域"。在我的朋友当中，有些人会想要实现工作之初的梦想，有些人则是想要追求新的梦想。不过就算我们心里这么想，当还在工作时也只能以效率第一为目标，并在工作方面持续进行自我扩张，对于不是业务范围的事情，根本就没有办法全力以赴。正因为届龄退休之后不再以自我扩张为目标，我们才能获得可以实现收藏内心深处梦想的机会。

所谓离开职务，不但可以说是得到自由，也可以说是自我的重新设定。即使选择了留在相同职场工作，也无须让自己维持着相同的模式。若能找出自己的另外一面，发挥至今从未有过的能力，并让周围人们大感惊奇，应该就能提升自己本身的满足感。

60—65 岁可说是人生的终点转运站。

应该将其视为退休后生活的准备练习期间。

　　虽然留在相同职场并接受公司持续雇用也很不错，但有些人并没有得到发挥自我多面性的空间，而且为了生计也无法辞掉工作。当遇到这类情况时，我们可以将持续雇用的期间，当作是迈向下一阶段的练习期间。

　　不过，当大家听到"终点站（Terminal）"这个词语时，脑海里又会联想到什么东西呢？巴士终点站（Terminal bus）？终站旅馆（Terminal hotel）？终站大厦（Terminal building）？或许有些人想到的是临终看护（Terminal care）。所谓的终点站（Terminal），虽然指的是火车及巴士的终点站，但用来称呼末期医疗的"临终看护"一词并非表示此处为人生的终点站，而是指由此世转往他世、现世转向来世的"换乘地点"。仔细想想，我们并不会在到达巴士终点站与铁路终站之后就结束了行程，所谓的"终点站"其实是从该处转往其他地点，或是迈出步伐走向目标的地方。

同样的，我也将 60—65 岁这段期间视为人生的转运终点站。即使到了 60 岁而必须退休，但有所意愿时就可以继续任用至 65 岁，不过这段期间并不是"工作时间的延长"，而是"获得了为退休后生活进行准备的时间"。当失去职务、收入减半，并且不再全职工作时，都不应该难过感叹，反而更要欢迎这个改变的到来，因为这会成为退休后状态的一种练习。

人生其实有许多状况都是未经准备即被迫面对的，而且也无法事先练习。不过，这次可以很幸运地获得练习的时间。如果能够这么想，并且多多发展兴趣，或是挑战"小区活动初次参与"的话，即使面对职称与薪资等外部报酬减少的情况，应该就不太会觉得苦恼了。因为公司职场之外的自己，已经拥有了工作以外的身份认同，心中感受就不太会被局限在外部报酬了。

> 在不同的职场继续工作,并从事与目前完全不同的工作。
>
> 退休后不再有组织承诺,而是职业承诺。
>
> 如何让职场生涯再展荣光?

　　当被问到将来想从事什么工作时,应该没有小朋友会回答:"某某公司的职员"。或许在被称为"企业造镇城市(Company town)"的地方,可能有小朋友会说出:"想要成为 TOYOTA 的员工"之类的话,但"想成为足球选手""想成为老师""想当花店老板"之类的答案,应该还是比较常见的。在人生的初始,人们所做的都是职业承诺(Career commitment),而非组织承诺(Organizational commitment)。

　　所谓的承诺(Commitment),虽然被翻译为"关联""参与""约定""诺言"等词语,但在心理学中,所谓承诺,可能解释为挚爱或是强烈依恋某物状态的说法,是更为接近的。像是心理学所说的"组织承诺",就可解释为爱社精神(热爱自己工作公司的情感)与对于公司的忠诚心。在企业的入社典礼上,公司都会让社员了解自家公司值得夸耀的历史与伟大的业绩，就是为了要提高组织承诺。即使发现公司出现弊端，却没有什么人会作出内部告发，也是因为坚定的组织承诺之故。

经过多年交往的男女，即使爱情渐渐淡去也无法分手，正是承诺所带来的影响。另外像我们在商店一旦说出"我要买这个"之后，就很难改口说"我还是不要买好了"，同样也是承诺的缘故，或是加入人群排队行列后，即使自己也觉得"无聊又愚蠢"，可是却仍然无法下定决心脱离队伍，也是承诺在作祟。

隶属于公司这类组织的人，通常会受到组织承诺的拘束。原本人就有想要归属于组织的欲望，再加上公司方面为了提高员工的组织承诺，更会提出调升待遇、给予奖赏，任命某个职务、赋予权限等各式各样的策略。

当人们正式退休后，对于公司的组织承诺也会被断然舍弃。那些因届龄退休而转至其他职场再次就职的人们，却必须要回到所谓的职业承诺，也就是恢复到如同孩提时代的状态。如果一直拘泥于原本的组织承诺，就会老是有着"之前的公司比较好""之前的工作比较有意思"

的想法，导致永远无法转换想法。

我们研究者也是如此。拥有专业工作的人们，都属于职业承诺。即使隶属于某个组织，都还是觉得如何提升自己在专业领域的水平，或是提升专业升级才是比较重要的，而非着重在自己如何于组织中进行自我扩张。就算是一般的公司职员，只要是技术、技能相关领域的人，也多半都属于职业承诺。因此，当我们转换职场而再次就职时，首要的考虑都还是希望能够从事可发展活用本身技术与技能的工作。

那么，如果是一般职务与综合性职务这类被称为白领上班族的人，又该怎么办呢？在离开公司后，又应该将何者认定为自己的职业呢？而且至今完全没有经验的话，还能够在其他职场上加以发展活用吗？

我有一个朋友原本是在东京的旅行社担任企划的工作，届龄退休后就开始担任某个地方政府机关的顾问。他原本被派任的工作是要思考，如何做才能招揽观光客到地方去旅行，但不久后其本职却转为对地方政府机关的年轻职员进行教育工作。原因就是他在上任之初召开企划会议时,该机关竟然处于无法开会的状态。

可以理解的是,这些一直都在地方机关工作的年轻职员们,缺少一般企业的工作经验,所以对于企业的会议方式也全然不知,连事前准备数据、当天将数据分送给所有参与人员、透过 PowerPoint 进行简报说明这类程序都付之阙如。大家就在完全没有准备的情况下召开了企划会议,因此,这个朋友便先从数据的制作方法与使用 PowerPoint 进行简报等部分开始说明教导,然后将会议的流程改为企业的模式,而当地的年轻人们也很快地转变为充满干劲与活力。当地机关的上司在见到这个场景后,便拜托他担任教育相关工作以传授各类领域的信息。

从这个例子可以知道,自己没有发现的东西,或是视为理所当然的东西,有时在其他职场也可以成为专业工作而加以活用发展;抑或是在与自己目前本职截然不同的地方,同样能够发展出新的职业与工作。就像成为地方政府机关教育人员的这位朋友,也许曾经偶然间发现了自己的能力,但只要能够事先掌握离开组织后要以何者作为自己的第二生涯,或是旁人认为自己拥有何种能力的话,那就再好也不过了。尽可能在正式退休之前的工作期间重新审视自己,提前改变方向而从组织承诺切换到职业承诺就可以了。

没有工作会和目前的等级完全相同。
取代金钱的是获得社会的评价。

有个笑话这么说道,某人在职业介绍所被问说:"你会做什么工作?"结果他的回答是:"我会当部长!"或许大家会认为实际上没有人会真的这么说,但心里想着类似事情的人应该很多吧!

在届龄退休之后,如果选择其他职场再次就职的话,应该很难找到跟目前工作等级相同或者更高的工作吧!或者应该说,几乎没有才是比较正确的。当面临这种情况时,如果心里还想着:"这么无聊的工作怎么做啊!"或是"辛苦工作才赚这么一点钱?"再次就职就变得难上加难了。不舍弃基于自我扩张欲望所产生的标准,根本就无法进展到下一阶段。

那么,如果舍弃待遇、地位、权力等衡量的尺度,那又该将何者视为新的标准呢？我想这个答案应该就是社会性的评价吧。

前一阵子，我曾经去过某所女子大学。因为是女子大学，所以警卫人数颇多，但这里却大多都是中高龄的警卫。如果只是在意追赶逮捕可疑人士这类的行为，年轻警卫的效果应该比较好。不过，学校方面却反而设定为中高龄的警卫，这又是什么原因呢？

其中之一，应该是因为中高龄警卫的经验比较丰富之故。因为生活中早已累积各方面经验，所以比较容易察觉异常情况，而且若真的遇到出乎意料的状况时，他们也比较能适当处理。另外，还有诸多原因，例如中高龄人士相较于年轻人还是比较能够自我控制，所以对于女大生及外来访客都可保持冷静淡定。

看到有好感的女孩子也不会随意搭讪，即使疲累也能保持良好应对回答问题等等。事实上，在我自己问路的时候，也因为他们客气有礼的应对而感觉良好。

也就是说，他们除了得到校方这个雇主的赞许之外，包括学生、家长、教职员、访客等各方面人士也都给予他们极为良好的评价，也表示他们得到很高的社会性评价。而且这种极高的社会性评价也成为了内在酬赏，让他们能够在拥有荣誉感的状况下进行工作。当面对届龄退休而选择再次就职时，应该仔细思考从事的工作是否如同警卫一般，能够凭借自己努力而获得社会性评价。此外，当再次就职之后，也不妨将提高自己及工作本身的社会性评价当作目标。

不过，在有意重新投入职场的族群中，一定也有人是并未要求与之前相同等级工作，但却大叹"没有想做的工作"，或是"面试后仍旧落选"的情况。像这类的人或许考虑自己创业会比较好，而不是让人雇用。所谓"没有想做的工作"，应该是说有其他想做的工作，而"没有通过面试"的话，就是想要被他人认同却无法得到的情况。

即使等待他人给予认同也无法提升满意度，那么选择创业的话，就能让满足感大幅提升。退休后的满意度，也是以创业一族的人们得到最高的分数。

我想很多人对于创业都会有所犹疑、踌躇，但如果没有想要赚大钱或是获取极大成功的话，不妨可以尝试看看。就算真的创业,衡量方式也要与年轻时不同,设定的标准不是自我扩张,而是社会性评价,并且努力带给他人快乐,只要不会造成亏损赤字就可以了。若以这种想法进行创业的话,说不定会更加顺利呢!

3. 人生事件——"小区活动的参与"

找到所在小区的安适空间。

人会感受到人际关系方面的压力。

因为必须戴上面具,所以觉得和人见面是一件麻烦事?

应该很多人都认为"届龄退休后,一定非得在小区上找到安适空间不可。"所谓的安适空间,就是"和谁一起进行某些事情的场所",也是"自我存在意义已经得到周围人们认同的场所"。

其中或许有人会说:"总是听到'小区的安适空间'这个说法,但还是不知道指什么地方。"其实,如果是和某人一起进行某事的话,什么地方都是可以的。

像是大楼与住家小区的自治管理委员会、地方小区委员会，或是在体育馆、公民馆开办的各种教室，或是兴趣社团、义工活动、老人会，以及老年大学等各个地方都是可以的。只要加入一起活动，身为团体成员的存在意义就会渐渐得到他人的认同，这样的地方就会成为所谓的安适空间。

不过，虽然非常清楚安适空间的重要性，也一直想要挑战小区活动，但令人意外的是很多人一到关键时刻，却又开始踌躇不前。即使说是"找不到适当的时间点"，但只要走出门讲句"我也一起吧！"就可以了，并不是什么太难的事情，那又为什么会犹豫不决呢？

其中一个原因就是，与人接触会感受到人所带来的压力。人在跟他人见面相处时，总是会暗自推敲对方的心理动向，接着再决定自己的行动。与其说是有意如此，不如说是一种下意识的行为，但还是会自然而然地观察领会对方心思，再迅速做出该采取如何行动的判断。特别是在初次见面时，因为不了解对方是怎么样的人，所以会更必须用心观察对方，慎重采取行动。像这种一对一的场合，一般人就会感受到压力，更何况进入团体之后，就必须面对许多陌生人，仔细观察对方心思而决定行动适宜与否，当然也就会成为一种极大的压力。

加上人到了公开场合都会戴上面具，像到了公司会有上班族的面具，在家里有身为家人的面具，面对上司有下属的面具，在部下面前则有上司的面具，看到父母时又换上孩子的面具……我们都在无意识的情况下，随着各种情境戴上不同面具。因为想要被大家接纳而与整个团体接触，就必须戴上似乎非常喜欢所有团体成员的面具，并且扮演着一个个性开朗有礼、容易亲近等特质的自己，真的是非常非常麻烦。

因此，若要克服这种压力与麻烦而开始参与地方活动的话，就必须要有"诱因"。所谓的"诱因"，是指引发某种作用的特定原因，所以在开始参与地方活动这方面，就是要找出超越压力及麻烦，而且能驱动双脚走出家门的吸引力。那么，人们会对什么感到吸引力十足，而开始参与小区活动呢？如果询问那些参与小区所办各种活动及教室的人们动机为何，大多数的回答都是"预防失智症（Dementia）"与"健康之道"。也就是说，很多人都是回答因为觉得预防失智症、或是具有促进健康效果等主题极具吸引力，所以才会开始参与小区活动。

不过，另一方面，虽然有很多地方单位都是以预防失智症，及促进健康为要求，并且呼吁大家前来参加各项活动，但实际号召过来的人却不太多。有时也会发给年长者们身心状态检查量表，并要求回答问题，希望这些状态不佳的人，能够参加预防认知机能与运动机能低下的讲座。不过，即使告诉大家为了避免将来需要看护，最好多多参与这些活动，但前来的人数还是很少。主要的理由通常是"我年纪又还没到！"或是"我的健康状况没有问题！"等等。

相较于显然应预作准备却拒绝参加的人，也有一些人是不太需要但却积极参与。这种差异又是从何而来的呢？是因为想要变健康与不想变健康的人，呈现二极化发展了吗？应该不是这样的，说不定对于参与小区活动的人们来说，预防失智症与促进健康这些活动，也只是表面的理由而已。那你自己又觉得如何？若是为了预防失智症与促进健康而独自加入陌生团体之中，对于这种行动是否会觉得别扭呢？

接下来要提的是我学生时代的事情，也是在千叶县浦安的某所老人福祉中心，听到某位年长者告诉我的。当时也是为了建造东京迪士尼乐园，而积极填池造地的最繁忙时期，所以出现了大量来往于东京的上班族家庭，这些新住民也不断拥入这个自古以来都是渔村的传统小镇。

其中有个新住民的家里，住着一个被儿子接来的母亲。因为担心母亲一个人生活，所以儿子才把母亲请到千叶县居住。不过对于这个母亲来说，在这块陌生的土地上没有朋友也没有认识的人，婆媳之间的相处也不融洽，甚至情况恶化到连三餐都是媳妇做好"婆婆的一份"后，这个母亲再端到二楼自己房间一个人进餐。无计可施下，只能整天看着窗外的这个母亲却发现了一件事，那就是有个年龄相仿的女性每天都在同一时间走过自己家里门前，似乎要到什么地方去。

于是这个母亲下定决心，当那位女性即将走过家里门前时，就先等在玄关并假装正在打扫，然后开口打了招呼。结果那位女性回答道："你应该是最近才搬来的吧！"接着又邀请这个母亲说："我等会要去老人活动中心，你如果有空的话要不要一起去啊？"之后，这个母亲便开始加入老人活动中心,她还告诉我:"大家煮了料理,聚在一起聊天共享进餐,实在是太有趣了,我也因而有了好多同伴!"

总之,"受到别人邀请"是非常重要的事情。所以,现在哪里有什么聚会,或是何时会举办什么活动,通常只要上网查询地方机关的宣传数据及网页,就可以得知了。

而且连这是为什么目的而举办,也会清楚说明。如果觉得这些活动很有吸引力,一个人就前往参与的话当然没有问题。不过对大多数的人来说,人际关系的压力与麻烦等抑制因素,终究还是超过了预防失智症与促进健康的促进因素。

不过,若有人邀请的结果也就不同了,因为至少受到邀请就表示自己这个存在已被接受,所以只要跟那个人一起进行某事,就可以将那个场所视为一个安适空间,在被邀请时就会有找到安适空间的预感。这真是一个相当大的吸引力。当然,如果是认识的人,人际关系方面的压力也会减轻。只要约好"一起去",形成了一个承诺,并产生即使稍稍觉得沉重也不得不去的效果。在初次加入陌生团体之际,只要有人拉一把,或是从背后推一下,就会成为展开行动的契机。

那么,我们要该怎么做才会受到邀请呢?简而言之,就是自我揭露(Self-disclosure)。或许,告诉别人"没有事情做"或是"很孤单"好像在示弱,所以很难这么做,但是若无法克服这点就难以前进。只要认识可以打打招呼,或是站着闲谈程度的朋友,并且提到"最近时间比较多""我也是看看义工的工作"的话,或许对方也会有"这样啊,那下次一起去吧!""我知道有什么什么活动"等等回答,话题也会跟着变多、变广。

事实上,也有人在前往常去的理发店剪发时,只要跟老板聊天就会被找去喝酒。听说这个人就在喝酒的地方,陆陆续续认识了当地的商店老板与开业医生等许多人,后来便在不知不觉中成了商店街大甩卖期间的帮手。只是去理发店剪发、在邻近商店街买东西,就可以制造与人交谈的机会。降低自己心中的防备围篱,和人随意聊聊天并自我揭露,正是开始参与地方活动的第一步。

> 在熟悉之后，便要从受益方转为领导方。
>
> 即使追求的生存意义仅有自己，也无法成为普遍的价值。

在地方上的活动中，包括居民委员会、地方机关、体育馆，以及公民馆等单位举办的活动及教室，还有老人会、老年大学、社会福利协会，以及 NPO（Nonprofit Organization，非营利组织）举办的义工活动、银发族人才中心、各地义消组织等形形色色的各种团体。如果自己希望"想做某些特定事情"的话，可以参考地方政府机关的网页，或是到市公所之类单位的窗口询问，抑或是亲自参观了解看看。

除了银发族人才中心与招聘义工之类单位可多少领取一些薪资外，也有一些无偿工作、或是免费活动可以参与，甚至也有必须支付参加费用及授课费用的种类，所以大家务必事先了解确认。

不管参加哪种活动，最重要的还是参加本身所代表的意义。举例来说，应该有很多人都是因为"有人推荐说很好玩""据说可以交到朋友""因为可以预防老人痴呆"等这类说法而参与老年大学的,如果因为参加的理由而获得了相应的惊奇,那不就是太美好、太棒(Wonderful)了。

不过,有时参与的原因也会在过程中逐渐改变,而学习本身也会变得更有乐趣。换句话说,就是内心感悟到智性好奇心得到满足的喜悦,加大了内心所涌出的快乐及充实感等等内在酬赏,而呈现出内在动机提升的状态。一旦进入这种状态,就会带来想要学习更深、更多的良好循环,而且有些人还会因而得到"穷尽一生也想追求某事"的人生本心与真义。难怪很多人毕业之后仍会和同伴一起进行活动,并且同时加入好几个校友会以参与不同的活动。

此外,在习惯参与这些活动后,如果能从受益方转为领导方的话,即可获得更大的内在酬赏,幸福感也会随之提高。如果行动只停留在满足自己智性方面的好奇心,就只会是一个获取因听讲而产生乐趣这种利益的受益者。不过,如果能将自我心态转变为分配利益予他人,也可以因而获得更大的喜悦。这个原因就来自于不管是哪种援助,施比受总是更有福的法则,包括看护照顾、义工活动、老人中心、老年大学等，全都是这样子的。

例如，2008年大阪的老年大学（大阪府高龄者大学校）在桥下彻（注：1969年出生于东京涩谷，成长于大阪。曾担任律师，并于2008年当选大阪府知事，成为当时全日本最年轻的知事）担任大阪府知事时，被中止了财务方面的补助。虽然曾经一度面临存续的危机，但在2015年的现在，这所老年大学总共拥有了64科的讲座，招募人员多达2700人以上。这是因为成员们自力组织成立了NPO法人，在不涉及政府补助情况下，反而确实掌握了活化学校发展的机会，并且积极运作活动的结果。

至于被中止的财务援助，这部分营运费用又该怎么募集筹措呢？上课听讲的费用又该设定为多少呢？是否有企业或商店愿意协助补助经费呢？若是要提高上课听讲的费用，就必须提高讲座内容的魅力，但又该怎么做才好呢？而且又该聘请哪些老师呢？或是要如何宣传通知才会达到效果呢？

这些琳琅满目的问题都必须由学校本身自行讨论及实施，所以中间过程非常辛苦及耗费心力。不过，这所学校之所以能够比接受财政补助时更加兴盛,正是因为大家找到了凭借一己之力延续下去的意义所在,并在大家努力实践之下才能达成这个目标。

虽然过程非常艰难,但自己的辛苦也因而与年长们的生存意义有了交集,并对社会带来了莫大的帮助,甚至连停止财务补助的桥下彻市长,也捎来了感言的话语。像这样的活动不仅得到了极高的社会性评价,连成员们的幸福感也会有所提升。

参与地方活动时,最重要的目标就在于地点。当然,如果找到了自己本身想要寻求的主题,也可以自己一个人在未来的时间里,孜孜不倦地持续追求下去,但如果就这样结束的话,不会太过无聊吗?难得找到的安适空间又再次失去,而且这种只能自己独乐乐、自己获得充实满足的生存意义,虽然可以说是一种自我实现,但却不是社会的普遍性价值。

就像对退休后工作有着重要意义一样,社会性评价在小区活动中也同样占有重要的地位。所谓的社会性评价极高,就是大多数人认定这是一种普遍性的价值,并以各种形式对人们有所帮助。

例如，如果只是一个人画画或是演奏音乐的话，并没有办法获得普遍性的价值，但如果能够借发表作品来鼓舞人心的话，就会成为社会所认同的普遍性价值。在日本"3·11大地震"之后，许多艺术家都曾烦恼说："这样的时刻该做些什么比较好？"但我们应该都很清楚，他们后来前往灾区举行展览及演奏会，为灾民带来支持的力量。

如果把一百年的人生以25年分成一段的话，最初的25年就是蓄积自己力量的时期。接下来的25年会从25岁到50岁，也是努力工作、成立家庭等建筑生活基础的时期，也可说是准备时期。所以要到50岁之后，才能找到人生的本心与真义，以及自己真正想做的事情。真的着手进行自己想做之事，就会落在50到75岁之间的这一段时期。

在这段期间，自己是否能感到有利于他人或社会是一件非常重要的事。虽然做了以后自己会很开心也是很重要的，但若能感觉自己有助于他人的话，幸福感也会随之增加。而且对别人有所帮助的经验，也能够支持75岁至100岁之间的25年。当需要他人支持时，拥有帮助别人经验的人，就能以幸福的感觉接受各种支持与协助。

所谓的小区贡献就是间接互惠。

只要一般信任较高的话，就可以成为能够安心居住的城镇。

当提到社会性评价较高的地区活动时，我们立即浮现在脑海中的就是"地区贡献"（注：地域贡献，对于地方社会有所协助贡献）一词。不过，我们应该也经常听到有人会问说："地区贡献，到底是要做什么呢?"

所谓的地区贡献，就是"凭借间接互惠的关系，而提高一般信任（General trust）。"或许这么说也很难了解真正的意思，所以接下来我们就加以详细说明。

我们在前文曾提到，"以预防失智症及促进健康为要求，并且呼吁大家前来参加各项活动，但实际号召过来的人却不太多"。其实，这种反应是有地区性差异的。例如，日本长野县佐久市的这类呼吁就比较为人所接受，会有许多人参加聚会。

不过，当然有些地区的反应则是非常抗拒，认为"我又没问题，不要多管闲事!"即使以检查表告知对方"你的记忆力已经稍有恶化，要注意预防失智症会比较好！"但对方的反应却是相当地排斥。

那又是什么样的原因，才导致了这种差异呢？其实，这是所谓的"一般信任"造成的差异。在人所抱持的"信任"当中，会有"一般信任（General trust）"与"特定信任（Particular trust）"等种类，而特定信任就是对于特定个人的信任；一般信任就是对于他人一般性的信任。长野县佐久市因为属于一般信任较高的地区，所以从行政单位发出的呼吁都比较容易被居民接受。

为何佐久市的一般信任会比较高的呢？其实，原因是来自于当地以"二战"后不久即就任当地佐久综合医院的若月俊一（注：1910—2006年，日本著名医界人物，也是日本农村医学会的创立者，被誉为"日本农村医学之父"）医生为中心所组织而成的地区医疗及预防医疗。当时，佐久一直习惯于既有的高盐分餐饮方式，并不是什么著名的长寿地区。不过，在医师与保健师投入该地区并积极协助当地民众之后，佐久已经成为了成果卓著的长寿区域。在这段历史中，医疗人员与行政职员们努力向当地民众推动医疗工作，并对应创造出长寿得以实现的实际状况，才能在居民心中累积出信任他人的想法，也因而这里全体地区的一般信任才会变高。

不过，在一般信任比较低的地区，即使行政单位提出呼吁也难以得到居民的响应，因为一般情况都是因对于他人的信任感较低，而且也想说"若真的被认为是失智症的话，不知道会被如何对待"，所以反而更加抵抗。如果前去参加的话，也是因为自己信任的特定某人——像是过去曾有"我按照医生指示后病都好了"这种经验，而愿意相信的医生推荐后，才好不容易前来参加的。

不知大家是否了解被称为"破窗理论"的环境犯罪学著名论述？"如果将窗户玻璃破损的建筑物弃之不理，就会成为无人关心注意的象征，不久后其他的窗户玻璃也会被全数打破。"意指当随手丢弃垃圾的轻微犯罪被放任不管时，之后就会变成包含凶恶犯罪在内的高犯罪率地区。建筑物出现破窗的状态，其实就是该地区一般信任较低的状态。

有时候，我们也会听到"地区居民捡拾违法丢弃在河边的垃圾，并且栽植花圃"这类的新闻，而这也是应用了

"破窗理论"而提高一般信任的行动。不管立起几座"不可丢弃垃圾"的广告牌，只要有人在该处丢弃垃圾的话，违法丢弃的人就不会减少。但如果能够将垃圾整理干净、并栽植美丽花朵的话，丢弃垃圾的人也会变少。这就是"破窗理论"的应用。

在很多人会偷偷摸摸乱丢垃圾的城镇，大家会彼此认为"那个人搞不好也乱丢""不知道大家背地里都做些什么""根本无法安心生活"，所以这种城镇的一般信任就会比较低。不过相对于这种情况，如果是城镇里有很多人把环境整理得很干净，大家都会认为"也有人是会为别人着想的""大家都很珍惜居住的城镇""很安心"等等，就会成为一般信任较高的城镇。也就是说，捡拾垃圾与栽植花草是一种将一般信任较低城镇，转变为一般信任较高城镇的行为。

此外，捡拾垃圾与栽植花草也是一种奠基于"间接互惠（Indirect reciprocity）"的行为。因为即使捡拾垃圾与栽植花朵，社区居民也不会直接给你任何回报。我给你什么东西，所以你也给我什么东西当作回报的情形，称之为"直接互惠（Direct reciprocity）"，重点在于"互相"的行为。但相对于这类状况，捡拾垃圾与栽植花草只是间接互惠，而非直接互惠。

这是因为自己所做的事情不断转动而回到自己身上，也是日本俗语所说的，"好心总会有好报"。如果持续清扫活动的话，可以提高小区的一般信任，让居民们彼此开始互助合作，成为即使年老也能安心居住的城镇。

"因为间接互惠的缘故，所以一般信任得以提高"。换句话说，"捡拾垃圾、栽植花草"说到底，正是一种地区贡献。将垃圾捡拾干净、栽种植物花草，小区当地的人们就会渐渐珍惜自己的城镇，居民也会彼此尊重对方，这个地方也会变成大家能够安心生活的城市，你自己当然也就能够愉快生活。同样的，若是好好照顾当地小区中的孩子与老人，或是为了小区的人们而努力活用那些培养来自工作的经验及技能，同样也会有捡拾垃圾、栽植花草这类行为的效果。

我自己深深认为，接下来的时代正是六、七十岁人们成为城市再造主角的时代。

找到兴趣的同伴。恢复学生时期的交游往来。

如果能够拥有相同体验并共享喜悦,快乐开心都会倍增。

有时,兴趣甚至还会成为人生的重大意义。

　　我想大家应该都有着这样的记忆吧!在中小学或高中时,因为运动会、班级对抗、合唱比赛等目标,而与同学们在放学后共同努力练习,或是因为结果输赢而整个班级一忧一喜。甚至到了今天,心里只要一想起这些事情,还是会再次涌起激昂兴奋的情绪,并且感到开心无比。此外,即使已经长大成人了,应该还是有很多朋友都曾经因为奥运、世足赛、世田赛等运动赛事,而与大家一同加油打气,结果回过神来,才发现自己和陌生人抱在一起的经验!

　　这简直就是所谓的"友情使喜悦加倍、悲伤减半""分享会使开心加倍、悲伤减半"的写照。这样的经验更是任何事情都难以替代的珍贵回忆,也是人生最为幸福的瞬间。可是,当我们渐渐有了年纪以后,能够创造这类经验的机会,却反而会渐渐变少。大家的情况又是如何呢?最近是否曾经和谁一同做过什么，彼此都很开心的事情呢？

　　如果想要过着"精彩美好（wonderful）的生活"的话，就不能只是一个人独自开心，重要的是要和别人一起共享喜悦、快乐。举例来说，虽然我们可以自己一个人跑步，但如果和同伴一起迈开步伐、或是参加运动赛事的话，跑起步来一定会更加开心。摄影当然也是能够独自进行，可是若是和同伴一起出门摄影旅行，或是举办展览，同样也会更加快乐。因为与他人共同拥有相同体验、分享喜悦，快乐也会随之倍增。

　　另外，我们常常会提到"找到生存意义""兴趣就是我的生活意义""家人是我的生命意义"这类话语，但所谓的"生命意义"又是指什么呢？如果有人觉得孙子的成长是生命意义，当然也会有人把旅行当作生活意义，或是认为义工活动，或是赚大钱才是生存的意义。如果说有一百个人，就会有一百种生存意义，其实是一点都不为过的。不过，所谓的生存意义还是可以大致区分为"自我实现（Self-actualization）的生命意义"与"人际关系方面（Inter-personal relationship）的生命意义"这两种。

所谓"自我实现的生命意义"，指的就是个人基于自我价值观而在工作、学习、兴趣、公益等方面，由自己将某事进行到极致的目标及过程。相对于此种情况，"人际关系"的生命意义则是在家人间的生活、子孙们的成长、友人间的相处，这类与他人之间的关系里感受到所谓的生命意义。

一般说来，上了年纪之后，会倾向将人际关系的生活目标当作是自己的生命意义的人也会变多，而非自我实现这种生命意义。

若是透过兴趣来交朋友的话，可说是在同一时间，获得自我实现的生命意义与人际关系的生命意义，也可以说是打造出一个能够与他人拥有共同体验，并且分享喜悦的环境。那么，如果未来希望从兴趣开始着手的话，又该怎么做才好呢？

说到兴趣，其实是不亲自去做就会有很多地方搞不清楚，因此需要自己先跟各个领域的人们开口招呼。即使是不太亲近的人，我们仍可轻松提出"兴趣是什么？"这类问题，所以可以先问对方："你的兴趣是什么？"这么一来，我们就可以听到大家说出"山区健行""参观各地古城""围棋""唱卡拉 OK"等等形形色色的兴趣了。

因为大家都喜欢兴趣的话题,所以听到别人回答后,就可以试着拜托看看,"那下次可以带我一起去吗?"如果告诉对方:"我也很想培养兴趣,可是不知道要怎么做,所以才想试试看。"就算自己觉得这个兴趣"不太适合自己",应该也很容易回绝的。而且大部分的人听到这些话后,应该都会开口邀请问道:"这样子啊,那下次一起去试看看吧!"

我自己也曾经说过:"如果有多一点时间的话,真想培养什么兴趣。"结果有人邀我去山区健行,也有人问我要不要去打高尔夫球。而且两位友人都很亲切地跟我说:"你只要准备鞋子就好了,其他用具我会借你。"虽然后来很遗憾地无法培养这些兴趣,但我自己心里还是想要挤出时间,尽快拜托对方带我去做做看!

同一世代的伙伴就是"心灵的安适空间"。
与朋友再次会面,创造精彩美好时光。

60 岁前后开始,有许多人会慢慢恢复与学生时期朋友的往来交游。在工作不如以往忙碌，孩子也已经独立，每每开始思考过去与未来时，常常就可见到同学会的举办。一旦参加这些同学会，大家在看到久违的朋友后，便开始回首从前而聊得既开心又热烈，然后就会渐渐恢复彼此的见面与往来。

我们和学生时代的朋友伙伴见面之所以会这么开心，最大的原因就在于彼此共同拥有青春的回忆，而且青春时代的回忆更是占据了人们回忆的大多数。

包括正在阅读此书的你，应该也几乎不会想起 40 岁左右的事情，反而时时萦绕在脑海中的都是青春时代的回忆吧！这种青春时代回忆特别突出，且比重极高的现象，就称之为"回忆高峰（reminiscence bump）"。

为什么我们会对青春时代的回忆特别在意呢？这是因为十多岁至三十多岁之间的青春时代里，发生了许多伴随着强烈情感的事情。像是升学、就业、离开父母开始一个人生活、和朋友吵架、交到好朋友、谈恋爱、结婚等许多事情，全都会强烈动摇内心，并且深深镌刻在我们的记忆当中。

另外，青春时代也是人生当中，最为自由及充满可能性的时代。没有必须担负的责任、没有羁绊、意气风发地深信自己拥有无限未来的时刻。对于现今早已失去的自由与充满可能性的时代，人们总是无比怀念有如乡愁，并在深深的恋慕下不断回忆着。也就是说，我们与自己一同度过青春时代的朋友们，共同拥有了许多引人入胜的回忆高峰，而且还能畅谈各种酸甜苦涩的怀旧感受，所以和老朋友们会面就会变得很愉快。换句话说，这就是"同一世代的伙伴正是心灵的安适空间"。

我自己常常告诉学生们，"上了年纪之后所回想起来的，正是你们现在正在经历的事情。如果不积极充实现在的话，就无法拥有充实的人生。"这些话是因为我希望学生们能够勇敢挑战各种事物，尽情感受更多的新奇与精彩。但反过来说也是一样的，即使有了年纪，只要想到青春时代发生的事情，我们心中那种新奇的感受也会再次苏醒。只要和朋友们见面、或是造访昔日大家去过的场所，就可以重现那种精彩美好的时光。

而且即使上了年纪，只要体验到激荡内心的感受，同样会深深地镌刻在记忆之中，也会成为年纪更老之后的回忆。当身体渐渐不再灵活时，能够将人从空虚当中拯救出来的正是这些回忆，而且这些回忆更是来自于那些美好精彩的感受与体验。

如果想要创造新的美好回忆，与旧友们早已疏远的人在收到同学会通知时，千万不要嫌麻烦，出席看看也是不错的。或是有人邀约喝酒时，也可以参加看看。另外，也要记得自我揭露。在和朋友们回首旧有时光时，若能先聊聊自己现在有兴趣及未来想要挑战看看的事情，一定能让自己的世界更加宽广，新的回忆也会随之增加。

近来，使用 Line 与 Facebook 等社交网络服务（Social networking service）与朋友及孩子、家人交流联络的年长者也开始增加了。我自己班上也有学生提到，"爷爷说要用 Facebook 和朋友联络，希望我告诉他如何使用，所以我就教他了。"因为，他离开老家自己在外求学生活，所以和双亲、手足、祖父母之间都是以 LINE 来联络彼此。

孙子们先教会祖父母社交软件的使用方法，再透过这些网络服务与单身在外生活的家人交流往来，我觉得是非常好的。实际上，在兴趣社团与同学会的社交软件使用情况,似乎在中、高年人士间也呈现了爆发性的增长。不过,这却也是一个很大的危险。因为数字素养(Digital literacy)过低会导致个人信息的外流,以及网络诈骗等状况。

我自己班上的学生据说也曾被同学告知,自己的照片竟在网络社交软件上流传。原来是爷爷把孙子的照片上传到 Facebook,却设定为每个人都能见到的情况。Facebook 原则上是真名登录,所以可以凭借出生地、居住地、出生日期等资料,来标示出特定的个人,别人当然也能够以此来伪装身份。

在 LINE 上出现"帮我在便利商店购买电子货币预付卡,买了以后再把预付卡的识别号码传给我!"这类信息,结果信以为真的人遇到诈骗等事件层出不穷,形成了一大社会问题。因为没有发现朋友与同事的账号被盗用,所以把这些讯息误认是朋友及同事本人所传来的请托。因为这些电子货币的预付卡,只要知道识别号码后就能使用,所以等到发现是诈骗事件时,卡片早就被用掉了。"

因账户被盗用而出现的诈骗事件,虽然在加强密码变更与通关密码设定义务化等措施实施后,似乎开始有了减缓的趋势,但是不见得从此再也不会出现新的行骗手段。另外,现在的诈骗受害者应该都是年轻人较多,但只要高龄者的使用程度增加,年长的被害者随之增加也是可想而知的。

这些网络社交工具因为看不到脸,也听不到声音,所以很容易被别人伪装身份。即使自己独自将隐私严格设定,只要"朋友们"对于隐私有所疏忽,还是有可能出现数据外泄的情况。使用网络社交工具时,对于此点务必要多加留意,而且所有成员在使用时,都应该抱持着强烈的防卫意识。

4. 人生事件——"双亲去世"

逐渐接近双亲的衰老。

想要理解老化的身心是很困难的。

只有对于自己的衰老有所认知,才能对双亲的年老有所共感。

到了 60 岁之后,父母通常应该也超过 80 岁了。对于孩子们来说，虽然父母曾经是一个能够给予自己许多东西的存在，但终究在不知不觉中大幅地衰老，甚至到了自己都无法自理的状态。面对如此的情况，即使心里清楚爸妈年纪真的大了，但在遇到不断被要求"那个给我""这个给我"的话，心中应该也会浮现"真是啰唆"，或是"真是够了，给我适可而止点!"等想法，或许忍不住还会将这些话脱口而出吧!

或许有些人可能会遇到家中父母，好像上了上门推销及电话诈骗的当，或是真的遇到诈骗等的情况。当发生这些问题时，总忍不住骂道："不是已经提醒过很多了吗?"因为过于担心而怒气爆发，或是觉得厌烦疲倦的同时，心里也会觉得奇怪，为什么电视节目与新闻报导都提醒过那多次要多加注意了，而且行骗手法也早已被破解公开，为什么父母还是会上当呢?

其实，因为孩子们的心里都还留着父母年轻且活力十足时的印象，所以对于父母身心的衰老是无法真正体会理解的。有时长辈都已经出现失智症的症状，甚至四处徘徊走动等奇怪的言行举止，都已经非常明显了，还是有些为人子女的人根本连这些都没有察觉，或者已经发现却不肯接受父母罹患失智症的事实。

当父母变得依赖，或是落入诈骗集团圈套时，常常是因为他们的身心随着老化的进展开始衰退，会一直要求拿这个、拿那个，身体无法灵活使用虽然是原因之一，但其实真正原因更与脑部衰退有关。随着年龄老去、上了年纪之后，脑部的信息处理能力就会逐渐下降，所以渐渐无法在同一时间处理大量的信息。

人在采取行动时，一般都会经历的过程是先会拟定计划，并且模拟如何进行，接着开始行动，执行过程，最后完成行动，但这个过程却必须伴随着大量的信息处理，所以父母下意识里开始觉得难以自行处理，便对你产生依赖。对于父母来说，想要掩饰自己能力衰退是非常自然的行为，只是在你眼中却成为了"任性""自以为是"的样子。

遇到电话诈骗而上当受骗，还是与脑部机能退化有关。我们平常在与人谈话时，并不会将所有出现在脑海中的事情直接脱口说出，而是在下意识中解读对方意图与情绪，然后判断是否适合提到这些事情后再将话给说出口。换句话说，就是要在一瞬间捕捉到话语间真正的涵意。

但随着年龄的增长，人会对这些行为开始感到难以应对。虽然我们常常说到"社会认知（Social cognition）"，但以社会性为背景的认知能力在年老后还是会慢慢降低、变差，造成脑部逐渐无法领会对方真正意图的结果。如此一来，当人无法明确判断实际状况时，就只能对于对方言词的表面性意义作出反应。举例来说，如果有通电话打来说，"我挪用了公司的经费，你帮我准备300万日元，千万不要告诉别人！"我们只要听到这里就会知道这是电话诈骗，但上了年纪之后，判读这种情况开始变得困难，所以也只能接受对方语词表面上的意义，而作出"你怎么会做这种事！"的吃惊反应，或是告诉对方，"妈妈可以帮你什么事情？"，甚至是再三确认"真的吗？"

当然，对方一开始就是企图行骗，再加上设下巧妙的圈套，之后父母上当受骗也是理所当然的结果，所以千万不要责怪父母。对于"社会认知"能力逐渐低落的父母说出"要自己注意"之类的话语，原本就过于苛责不合理，首要之务还是外围亲人找出良好对策。举例来说，也有人采取的是"把父母老家的电话都设为电话留言，完全听过留言之后再打电话"这类方法，但这样的作法在紧急时刻却反而会造成麻烦及困扰，而且父母只要忘记这个设定接了电话之后，一样没有效果。因此，目前的现况可能还是没有什么有效的方法吧！

只要年龄渐长，每个人多多少少都会出现认知机能下降的情况。日本厚生劳动省（注：日本中央省厅之一，主管社会福利与劳务等领域的政策）曾推估过在65岁以上的人之中，不符合对应年龄而出现轻微认知机能低下的轻度认知障碍（Mild Cognitive Impairment，MCI）人数约为400万人，罹患失智症的人数约为462万人（2012年）。特别是在失智症这部分，74岁以下罹患人数约为10％；到了85岁之后的罹患人数可以发现竟超过40％，也就是只要年龄超过75岁，失智症的罹患比例就会大幅提高。

在无法正确认知父母衰老的情况下，孩子们对于父母始终不断寻找物品，或反复询问同一事情的状况开始感到忧心，所以每每都会提出"又忘记啦？""刚刚不是才讲过？""因为你根本完全没在记！"之类的指责话语。大家最好还是带着父母前往近来陆续增加的"健忘门诊"接受检查,才能正确诊断出是否罹患失智症。

另一方面,双亲在不断否认病情,并且认为"自己没有问题"的情况下,其实内心也会担心自己的记忆力是否开始退化。不管是对于自己频繁健忘有所自觉的人,还是健忘到完全记不住也没有自觉的人,两者其实都会受到家人不断指责,所以内心同样都会惶惶不安。

那么,若在医院的健忘门诊被确定是 MCI 的话,又该怎么办呢?即使医师确诊是 MCI,也并非罹患失智症,但如果被医生告知是"轻度认知障碍"的话,千万也不要自认是"完全没有问题"。有些人在遇到此种情况后会认为"自己马上就会变成失智症"而情绪低落,甚至陷入忧郁状态。就算不告知病患本人诊察结果,但同样还是会因为在记忆检查及认知检查中,发现自己无法顺利回答问题而出现相同的反应。

如果是失智症的话,可以尽早服用爱忆欣(Aricept)等药物,有些案例是在服用后病程进展速度减缓,或是记忆障碍的情形获得改善。既然实际状况已经如此,所以为人子女者尽早陪同父母就诊应该是很自然的。不过,若被诊断为 MCI 或是失智症,日本目前仍无针对病患本人或家人情绪低落等心理状况给予看护的机制。不论是医生、护士、居家看护员,对于心理状况都是无法给予治疗照顾的。因此,如果陪伴父母至健忘门诊接受诊疗检查,家人务必事先考虑好收到检验报告后的治疗方案。

就算原本被判定为 MCI,也不是所有人将来都会罹患失智症。根据调查结果显示,在被认为是 MCI 的病人中,约有 70% 会出现认知机能逐渐下降的情形,但还有 30% 的人并不会这样。另一方面,当 MCI 患者进展至失智症后,以目前的药物是无法治愈失智症的,即使投药治疗也不是所有人都能减缓病程的发展。失智症的棘手之处在于,即使尽早前往医院就诊,也并不是一定能够获得良好结果。

在这样的情况下,厚生劳动省便于 2013 年启动"失智症实施政策五年推荐计划(Orange plan)",并且开始发展将 MCI 与早期失智症病人纳入重点范围的范例行业。同时设置了"初期失智症集中支援团队",从有可能罹患失智症的阶段开始,就由医疗、看护等专家们针对本人及家人进行家庭访问及支援,再根据范例行业的情况来讨论是否扩及全国而制度化。

如果真的实施制度化，初期失智症集中支援团队便会配置在地区，包括支援中心，担任病人与家属的心理看护工作。

另外，上了年纪之后，也会出现被称为"老年症候群"的各种疾病与症状的恶性循环。其中包括失智症、忧郁、骨质疏松症、尿失禁、营养不良、摔跌等等。总而言之，所谓的"老"，就是身心状态处于上述的各种病症当中。

当父母开始出现各种症状及疾病，而必须接受孩子们照顾后，就会开始有所顾虑。当孩子年纪幼小时，父母总是要求做这个、做那个，而孩子们也不得不遵从父母的命令。虽然父母的势力会比孩子们来得更高、更强，但当父母年老之后，双亲与孩子间的势力关系便会出现逆转。因为孩子的势力变强了，所以父母也只能遵从孩子们的要求。说不定，对此种现象有所察觉的人是出乎意料外的少。原因就在于孩子们通常是出于善意，才会动手做或开口说许多事情的。但当父母渐渐衰弱，即使心里讨厌也无法开口表明自己的不悦。

对于父母这样的想法给予理解，并且将父母的课题当作是自己的课题而加以同感思考，我想并不是什么困难的事情，但重要的是要用这样的姿态来和已然衰老的父母相处。只是，过了60岁之后，自己本身也不再年轻了。白发渐盛、老眼昏花、疲劳难以恢复、腰痛等等症状陆续出现。当自己开始衰老，也就是理解父母衰老的起点。当对自己的衰老有所认知时，虽然自己心中会感到落寞，但另一方面却是能够确实理解父母的衰老，并且能够在拥有相同感觉的情况下，面对父母与父母同一世代的人们。凭借对于衰老的同感共鸣，就能温柔对待他人。

> 隐藏在"被家人照顾才是幸福"的家人看护神话中的看护与控制的陷阱。

现在的你，是否正和双亲同住呢？还是各自居住在不同处所？如果你已婚，我想应该是没有住在一起的。之所以这么说，是因为日本目前父母与孩子夫妻同住的比例，仅仅只有一成左右。

在更早之前,曾经有许多父母都是与孩子同住的,但时至今日却早已大不相同了。与孩子同住的高龄者(65 岁以上的人)在 1986 年时约为 64.3％,但到了 2013 年却减少到 40.0％(资料来源:平成二十五年国民生活基础调查)。特别是与孩子夫妇同住的比例由 46.7％下降至 13.9％,大幅减少了将近 1/3(与单身子女同住的比例则由 17.6％上升至 26.1％)。

单身子女与父母同住的情况之所以增加,则是与终生未婚及因非典型雇用的派遣工作,导致经济不稳定的孩子人数变多有关,但如果提到跟已婚子女之间的数据,却是一直在持续减少当中。

这并不只是因为孩儿辈夫妇不再希望与父母同住,现今社会的想法甚至已倾向为当孩儿辈成为父母之后,父母辈单独居住的意愿也大于和孩儿辈夫妻同住。这个转变的背后原因,就在于不想生活时还要顾虑到孩儿辈夫妻,以及不希望对孩儿辈夫妻带来困扰的心情。因此,现在很多父母即使需要看护了,都还是想要自己想办法就好。

事实上,有些父母在状况需要看护到去世的这段时间里,仍旧继续夫妻两人住在熟悉的老家,有些父母则是自行决定入住需要付费的老人中心。不过,其中也有些是早已无法负担只剩下年迈双亲的生活,却还是认为,"现在还好"。

当父母慢慢老去,即使旁人看来都觉得已经到达极限了,但本人却还是没有发现。另外,有些人则是对于自己的失智症没有病识感,甚至连孩子或是居家看护员前来探望的事情都给忘得一干二净,也不知道自己已经无法独自生活了。像这类情况,不管双亲怎么保证自己没有问题,根本就无法继续下去。

当凭借看护保险等各种方法,及孩子往返父母家中照顾都还是无法处理时,就必须考虑是否要将父母送至老人中心居住,或是接到自己家中同住。如果是原本就一同居住的家庭,在父母无法自行处理日常生活事务时,同样也要思考是否留在家中看护,或是送至老人中心入住。当面临这些状况时,应该要怎么选择才是比较好的呢?

当双亲进入老人中心之后,身为孩子可说必然会出现矛盾的心情。对于自己无法亲自照顾的歉疚感,以及负担减轻的安心感、寂寥,以及解放感等等,各种矛盾复杂的情绪全都缠绕在心头而烦恼不已。

在现实状况中,父母进入老人中心生活后大多可以比较长寿。这是因为老人中心里有人协助管理营养、保持身体及环境的清洁,甚至健康恶化时也马上被人察觉。即使心里很清楚这些优点,但还是会想说:"爸妈虽然答应入住老人中心,但是心里其实是很不愿意的吧。"另外,有时亲戚还会从旁插嘴:"居然要送到老人中心,哪有这种事情,你是要抛弃父母吗?"反而造成更多的麻烦与冲突。因为这些没有同住的亲人,并不了解看护的实际状况,所以只会抱怨自己的想法。

因为亲人同样也是担心父母才会说出这些话,所以无须加以责备。不过,"住得远的亲人才是最麻烦的"这句话,应该是所有看护者的共同认知与感受吧!举例来说,即使失智症发作至某个阶段,有些人却只能在客人来访保持稳定。如果只看到当时的样子却不了解平常的状况,亲人有时就会发怒生气,认为"怎么可以这样,为什么要把人送到老人中心啊!"万一你自己就是那个未与父母同住的人，除了父母的感受之外，也应该深入了解坚持将父母送至老人中心入住的孩子的想法。

那么，如果是同住的父母需要看护的话，又该怎么做才好呢？一般说来，只要提到"与父母同住照顾父母"，大家多半都会认为"你很孝顺！""令尊、令堂真的好幸福！"所以，可能感受不到那种将父母送至老人中心的矛盾情绪与纠葛。不过，与父母同住还是会有同住的麻烦及冲突。

如果是与父母同住的话，有时是父母前往孩子家中，有时则是孩子搬至父母家中，但不论是上述哪种情况，都还是父母衰弱后开始依赖孩子一起居住，所以孩子的权力也会呈现压倒性的强势状态。当父母的立场变成希望受到孩子保护时，就没有办法违抗孩子们所说的话。再加上父母需要孩子看护照顾，所以这种"借贷"就无法偿还了。

在家人及朋友之间的这类亲密关系中，人们有时会感受到权力关系（Power relationship）不对等所带来的痛苦。例如，当我们跟朋友借钱之后，不知为何总是感到亏欠而难以平静。这是因为与朋友之间的权力关系失去平衡之故,所以除了金钱方面的负债,连心里也都产生了"负债感(Indebtedness)"。因此,只有返还借款也无法让两人之间的权力关系恢复原状。只有在同时归还道谢的礼物与金钱之后,才能将这种负债感消除,或是让权力关系再度平衡。

在亲子之间,同样也会出现这种情况。当我们从别人那边收到某些东西时,就好像是跟对方借贷一样。所以当需要别人照顾时,就仿佛是向孩子们进行借贷。

因此,当父母需要被看护照顾时,就会产生心理方面的负债感,并且想要将其消除。可是身心都已经衰弱的双亲,却无法为孩子做什么。或许心里会想说,自己死了之后可以留点财产,但现在却什么也没办法做。

无法消除心理方面负债感的双亲,即使对于只能遵从孩子感到不悦,却也无法开口抱怨,只好将自己的情绪压抑下来。只是本来就是孩子权力较大的同住,又感到无法违抗孩子的情况下,更是加重了心理的负债感。如此一来,父母会对被人看护照顾的情况感到痛苦,慢慢觉得应该是照顾的"Care",变成了剥夺自己自由的"Control"。

另一方面,因为孩子无法从父母那里得到回报,就会慢慢感觉自己无法一直给予"照顾"，于是花费自己许多劳力、时间及金钱来照顾父母，就成为了一种来自双亲的束缚，所以也开始认为自己受到了父母的"控制"，并且觉得非常痛苦。不过，这种情绪是不能说出口的。因为现实生活中仍存在着，"能得到家人照顾真的好幸福""照顾父母与配偶真是至情至爱的表现""照顾父母与配偶是不会感到辛苦的"等等这类"家人看护神话"。

像这样子的"家人看护神话"，乍看下似乎再真实不过，而且也有很多人深信不疑，但神话终究只是神话。家人看护里存在着"照顾转变成控制"的陷阱，从体贴对方开始后却渐渐陷入痛苦的矛盾状态中，然后在心中不断纠结烦恼；而被照顾的人也无法说出"讨厌""辛苦"等话语，只能持续压抑忍耐下去，最终的结果就是一场悲剧。

当然，想要亲自照顾自己双亲的想法是很自然的，当然也不会要加以否定。只是千万不要受制于所谓的"家人神话"，而不断地勉强自己。如果需要与父母同住并且照顾他们时，请不要自己扛起一切，而是要多多利用保险、地方机关提供的服务及义工等各种外来协助，好好了解所谓的"开放式看护"。

入住老人中心与在家同住都会有优点及缺点,无法一概而论为"老人中心比家人照顾好"或是"家人照顾比老人中心好"。只是,目前日本的实际状况是价格低廉的特别老人养护中心,只能入住需要看护等级三的老人,但全国各地登记候补的人数却高达52万人。如果是团体家屋(注:group home,提供病人小单位看护的医疗单位),或是付费老人中心的话,没有准备一笔费用就难以申请入住,还是只能留在家中看护照顾。

而且现在政府也从入住中心,改为居家看护的方向推广。也就是说,今后想要以低廉费用入住老人中心的希望,只是更加渺茫。

如果想要克服这个问题,就应该重新了解双亲与自己所居住地区,究竟提供何种看护资源?包括公家及非公家的部分,都应先行清楚掌握。即使是老人中心,还是有很多种类,所以大家务必事先看过书籍、杂志、网络等媒体提供的最新信息。

人通常在死亡到来的前10年,大约寿命一成左右的时间,多多少少都需要接受看护照顾。即使是现在仍然健朗的双亲,需要别人看护的日子还是一定会到来。

当双亲面临人生终点时，敬意才是最重要的。

需怀抱着敬意来领会父母的尊严。

当父母逐渐迈向人生终点时，为人子女者有时也会被迫面临各种判断。例如，当父母再也无法用口部咀嚼吃饭时，是否要实施经皮内视镜胃造口术（Endoscopic Gastrostomy）？呼吸困难时，是否要进行气切而给予插管治疗呢？肾功能衰竭（Renal Failure）时，要一直洗肾吗？当心脏停止跳动时，要不要尝试心肺复苏（Cardio Pulmonary Resuscitation）急救呢？当双亲意识不清，或是罹患失智症而无法自行清楚表达意见时，医生、配偶及子女都会被迫面临决断与选择。

如果年纪还很轻，让对方接受延长生命治疗（Life-prolonging treatment）应该是毫不犹豫的。可是，当父母年龄已经超过八九十岁，会希望接受什么程度的延长生命治疗呢？切开身体、装上各种管子又有什么意义呢？我想很多人都对此感到极为烦恼吧！

我们一般都很容易误认，"年纪到了八九十岁就很高龄了，本人应该也不希望切开身体，装上一堆管子吧!"甚至父母自己也曾亲口表明，"如果病情无法恢复，只能实施胃造口术，再也不能用嘴巴吃东西的话，我宁可死掉。"可是，这是他们真正的心声吗?

或许，父母心里真正想的是"就算要实施胃造口术或是气切，只要能活着，我还是想要活下去。"日本人现今的生死观已经开始改变，还会抱持"来世"观念的人并不多，所以认为"死掉就什么都没有了，我还是想要活下去"的人应该是增加的。或者，家人都想说，"都已经九十多岁，活得也很够本了，还是让本人寿终正寝安然去世吧!"但本人心里说不定想的是:"我就快到100岁了，我要活到100岁。"

即使本人在意识清楚的情况下，表明"不要接受延长生命治疗也无妨"，但我们终究还是无法得知此种想法，是否为其真正本意。有可能是因为顾忌到家人，才会这么说。另外，也有可能因为失智症导致心情忧郁，心里想要"早点死掉"。

当然，也可能会有家人希望"活得更久一点"，但本人却"想要早点死掉"的情况。罹患失智症的病人，从早期就会出现回答问题时，会配合对方点头称是的倾向，所以询问父母"状况不允许时，是否要接受延长生命治疗"这种问题时，如何进行适当的延长生命治疗，成为了一个非常困难的问题。

不要进行无谓的延长生命治疗，自行决定自己死亡的"尊严死（Death with dignity）"，是因为患有不治之症及重病末期的病人所产生的想法。尊严死是指罹患癌症之类重病时，能够以自己意志决定自己死亡的人。不过，随着高龄化的发展，当病情无法治疗及重病末期时，因为失智症等疾病而无法表达自己意思的人却是越来越多。因此，配偶与孩子必须取而代之作出决策的情况，也就越来越多。

那么，当我们双亲仍高龄健在时，到底该怎么做才好呢？可以的话，应该在父母仍然健康且充满活力的时候，先行询问某种程度的意愿。虽然不见得这就是他们真正的想法，而且即使是真正想法，但当身体状况渐渐不如以往健康后，父母的考量说不定也会改变。不过就算真是如此，事先询问还是会比什么问题都从未问过来得好些。若能问过双亲的希望与想法，多少还是能够作为判断的根据。

事实上,当父母无法亲自判断时,要如何进行延长生命治疗就只能与医生及家人共同商讨后再作出决定。要参考的除了临终前的状态,包括疾病有无治疗方法、营养状态与意识清楚程度等条件,此外还包括地点究竟是要到医院、看护机构,还是自己家里等等,每个人的情况都是不一样的。没有将所有情况纳入,根本就无法作出任何决定。

只是,不论是哪一种状态,还是有一个要件是共通的。就是在判断之际,务必对双亲抱持着敬意。

举例来说,当面临是否实施胃造口术时,通常会遇到有些医院会以实施胃造口术为住院条件;但是某些老人中心却反而不愿照顾实施胃造口术的病人。在听到一百八十度完全相反的要求时,心里一定心乱如麻、烦恼不已。可是这时最重要的还是,"你该如何领会父母亲的尊严?"

也就是说,把父母亲"当作是一个无法取代的存在,抱持着敬意忖思他们的人生与死亡",凭借这个思考过程,自然就会知道要该怎么做了。

当然,结果是会因人而异的,所以要实施或不实施胃造口术都可以。如果是怀抱着敬意来彻底了解父母生与死的结果，也是领会双亲尊严后的结果，我想父母就能够迎接幸福的人生终点。

彼此的连结不会因为死别而被断绝。
重新构筑父母活着的意义，持续保有彼此的连结。

一旦父母亲迎向人生终点，接踵而来的就是联络亲朋旧友、葬礼守灵及准备各种文件申请等等待办事项。即使有葬仪社在旁协助，还是会让人面临手忙脚乱的情景，有时甚至要到头七之后，稍为能够喘口气时，所有深切的悲伤才会瞬间涌上心头。

根据美国心理学家何姆斯与雷贺（Thomas Holmes & Richard Rahe）发表的"社会再适应量表（Social Readjustment Rating Scale）"，其中关于双亲死亡的部分共有63条。所谓的社会再适应量表，就是将人生事件带来的压力给予数值化，压力程度最高（100分）的人生事件就是配偶的死亡。

这是美国在 1960 年代所做的研究，所以与现今日本的状况可能有所出入，当然也会有个人的差异，但在某个程度上还是能够当作参考。只要发现量表数值竟与"拘役""入狱"同样都是 63 分，相信大家一定马上就能了解双亲死亡带来的压力。

在更早以前，大家都认为"不可以永远想着已经去世的人"。事实上，近年来我们的社会才发现并非如此。开始讨论起"延续性连结（Continuing bond）"的概念，这种死亡并不会切断连结而是会持续下去的想法，可以让人持续保有健康的连结，并且早日从悲伤之中恢复心情，甚至让留存于世上的人拥有更好的未来展望。

举例来说，内人父亲去世分赠遗物时，我收到了岳父的外套与大衣。每每穿上这些外套与大衣，总让我怀念起岳父，不禁想着："真是好时尚的人啊！""他曾穿着这件衣服到国外去呢！"等等有关岳父的各种回忆。所谓与逝者之间持续保有连结，就是让那个人永远存活在我们心中。

说到这里，不知道大家有没有听说过带着玩偶旅行的旅行社。过程就是带着客人寄来的玩偶出发旅行，并在由车窗向外观看风景时、参观名胜古迹时，或是大家进餐时，一一拍下各处场景的照片，并且上传到网络。回来之后，再将玩偶与冲洗好的照片与光盘，一同送还给客户。那些出发旅行的玩偶，有时是客人从小到大都很珍惜的好朋友，有时是因为生病而无法自由行动的自己分身，或是已经去世的孩子或亲人的替代品。

据说这家旅行社只有一位女性经营，她将其视为工作成立公司后，甚至连国外都前来委托案件。当我在电视上看到这则报导时，完全是可以理解体会的，我想这样的服务在未来只会越来越多吧！原因就在于这个服务，其实也是一种延续性的连结，而且将负面想法转为正面思考的服务。

当父母去世时，身为子女的人心中多少会留下后悔的感觉，像是"如果我更温柔就好了""如果待在身边更久的话该多好""说想要去泡温泉，我却没能带他们去"等等。但双亲已经去世，终究无法达成愿望。不过，如果将玩偶当作是父母，带着它们前往旅行，就会感觉完成了愿望。

虽然比起带着玩偶会花费更多时间，但只要能在自己心中持续保有与双亲的连结，并且持续对话的话，不久后一定能够再次构筑自己与父母亲之间的关系，那些负面的想法也能升华转变为正面的思考，同时也可以借去世双亲为由，许多无法见面的人继续活在我们的心中，我们就再也不会感到孤独了。

事实上，即使到了 90 岁、100 岁的高龄，这些无法见面的人能够活在我们心中，都还是有着极为重要的意义。即使身体无法自由活动，最后留在心中的还是心的自由，因为这时的说话对象，正是这些住在我们心中无法见到的人们。

5. 人生事件——"配偶或是自己罹患重病"

> 配偶罹患重大疾病。
>
> 夫妻感情融洽时，复原过程会比较顺利。
>
> 重要的是对于疾病要互相理解、彼此支持。

这是发生在我就读研究所时的事情，当时我负责的是某位失语症患者的复健工作。

他是一位四十多岁的男性，因为楼梯踩空而撞到头，进而引发了失语症（Aphasia）。在刚入院的时间，病人的太太虽然必须工作，但还是每天前来探望病人。不过，经过一段时间之后，太太探病的间隔越来越长，不久后就成为每周只来一两次的频率。这位先生认为原因就在于太太已经变了。

失语症大致上可分为"表达性失语症"（Expressive Aphasia）与"接受性失语症"（Wernicke's Aphasia）这两种。这位男性罹患的则是接受性失语症，因此先生无法理解妻子说的话，也只会说出毫无章法及道理的话，让人觉得就像是两个陌生人在交谈一样。

这种表达性失语症的复健过程极为困难自然是不用说了，家人的协助绝对是不可或缺的。因为在医院的有时间限制，所以只靠住院期间的复健就想完全康复，根本就是不可能的事情。即使出院了，也必须靠病人保持毅力的情况下，于家中持续进行复健，所以没有家人协助是很难顺利康复的。

"再这样下去可就糟糕了！"当时的我这么想着，便和医生讨论,再请太太看看先生的 MRI 照片,并且为她详细说明脑部的状态。当时医生告诉太太说:"你先生会如此讲话是因为这些原因,只要进行复健,状况就可以好转。所以,你每天前来探望先生是比什么都重要的事情。"

在了解到先生的改变是来自疾病之后,太太也再次开始每日前来探望先生。

因为后来我转到其他的研修地点,所以无法照顾这位病人直到最后,但我想他在出院后应该可以和太太一起同心协力,持续复健至身体康复吧!

一旦罹患留有后遗症的重大伤病,就必须进行复复,但如果只能自己一个人面对的话,似乎会困难重重,难以克服。就算病人已婚,夫妻感情良好时可能没有问题;但若是夫妻感情不好,复复就很难具有良好成效。复复是一种和身心难以随意活动的状态之间的持续奋战,所以一定会面对许多压力。一旦夫妻感情不睦,当压力迎面而来之际就会难以招架了。

如果夫妻感情融洽,而且能对配偶的疾病感同身受,就算有状况而彼此不愉快,还是能够持续支持对方。两人一起哭、一起笑、一起生气，相信终究能够克服疾病的挑战。就算是医生与护士的鼓励，也很难有这样的效果。即使是孩子也是无法取代的，能够一边吵架、一边复复的，还是只有夫妻两人才做得到。

因此，希望夫妻感情不佳的人能够现在就用心修补。如果夫妻感情稳定融洽的话，还是有个地方是很辛苦困难的，那就是对于配偶的重病感同身受，并且承受沉重的打击。

或许有些读者也曾听过著名精神科医生伊丽莎白·库伯勒-罗斯（Elisabeth Kübler-Ross）（注：1926—2004年，从事多年临终关怀相关研究，是国际知名临终关怀权威）提倡的"接受死亡过程"的阶段模型（The Five Stages of Grief）。根据这个理论，当人们被宣告死亡即将来临时，通常会历经"否认""愤怒""讨价还价""抑郁""接受"等五个阶段，然后才会真正接受死亡。

所谓否认，就是心里明明知道这个事实，但却认为死亡的宣告不过是"哪里弄错了"或是"谎言"。愤怒则是对面临死亡宣告已有认知，但是却对周围人们爆发愤恨怒气，责问为何是自己必须死亡的阶段。至于讨价还价，则是提出"我把财产捐给需要帮助的人了,请帮我活下去!""我的孙子马上就要出生了,见到孙子一面就能死而无憾"等各种条件,希望回避与接受死亡到来的阶段。而抑郁就是心里清楚自己不管怎么做都无法避免死亡,所以彻底失去希望的阶段。最后是心里开始接纳不久即将到来的死亡,情绪开始恢复平稳的状态。她认为病患的心境不一定按照这五个阶段的顺序,也不是所有人都会历经完整的五个阶段,只是心境大致会经过这些改变。

像这种心境的转变,并不是只在死亡之际才会出现,包括医生宣布得到严重疾病,或是罹患身心障碍时,也同样会产生这些反应。除了病患本人之外,关系亲密的人也会出现相似过程,像是被告知罹患癌症、必须洗肾,或是眼睛失明、无法行走时,病患本人与配偶都会陷入否认、愤怒、讨价还价、抑郁等各种精神状态。

虽然身为配偶的人应该好好振作自己才有能力支持病人,但有时不免还是会出现情绪崩溃或是失去理智的情况。不过这也是没有办法的,毕竟这是因为配偶将对方生命视同自己生命,或是更为重要的存在时才会出现如此反应。病患本人需要一段时间才能到达接受的阶段，配偶当然也需要时间。虽然，接纳重大人生事件需要某个程度的时间，但时间也必然能够让我们面对一切。面对配偶罹患重大疾病时，请不要惊慌焦虑，而是要仔细想想自己与对方的心里，现在有什么样的感受，并且携手面对每一天的治疗及漫长的复复过程。

自己罹患重大疾病。

重病并非只会带来不好的事情。

而是要改变认知，展开不同的行动，就会感觉"还好生了这场病"。

一般人应该都会认为尽可能不要罹患重大疾病，而且得到重病是很糟糕的人生事件吧！不过，如果询问罹患癌症五年的患者，"得到癌症之后，是否觉得什么事情很美好？"应该会得到"开始重视生命""一点小事都会觉得很棒""现在能够理解病人的感受了"等各种回答。当然，如果问他们有没有不安与烦恼，相信对方也会说出各式各样的情况，不会只有单一的反应。

不过,这是欧美所做的调查,如果问日本人"得到了癌症之后,是否觉得什么事情很美好?"应该是不会有什么回应的!当医生宣告罹患癌症并需要接受治疗,其余只能听天由命时,面临此种状况的日本人,就会变得非常的不安。

这是因为日本人原本就属于容易不安与忧郁的民族,加上欧美民众内心基础也深受基督教影响之故吧!相较于即使有各式各样理由,但还是会将负面事物直接解释的日本人,欧美国家,尤其是美国人,试图将负面事物解释为正面事物的倾向通常还是比较强的。

像这样,即使发生不好的事情,还是试着往好的方向解读的就是所谓的"认知行为疗法(Cognitive Behavioral Therapy)"。只要改变认知,也就是对于事物的理解方式,行动也会跟着改变,这就是认知行为疗法的涵意。举例来说,即使罹患癌症,要是能够像欧美人那样想着:"得了癌症也很好的事情有这么多!"就不会再过着受尽不安折磨且忧郁烦闷的日子。若是每天阴暗度日跟明朗生活这两种方式的结果完全相同时,当然要选择明朗生活。而且,情绪低潮、郁郁寡欢可能会造成食欲降低、运动量变少、免疫力低下等情况，甚至导致疾病复发也说不定。因此，若是尽可能找出好的方法，结果应该也会是好的。

话虽如此，但在不安情绪最为强烈之际，想要自己一个人改变认知是很困难的。那么，面对这个情况又该怎么做才好呢？其实，大家不妨加入病友协会之类的团体。

如果觉得突然加入病友协会的难度太高，其实网络上也有各种疾病的病友组织，可以看看网站上的资料，或在举办无须会员身份即可参加的聚会时前往了解。只要是罹患相同疾病的人们所说的话，应该就能互相产生共鸣，并且彼此分担痛苦。即使心中怀有不安，或是身心有所障碍，只要见到积极正向生活的人，也会感到自己的烦恼变得微小。这么一来，旧有的认知也会慢慢开始改变。

特别是对独自生活的人来说，这些病友组织的同伴甚至还能取代家人。因为相同疾病而彼此有所共感，所以能够深刻理解你的感受。病友们也很了解复健的辛苦，所以也能给予适当的鼓励。也许刚开始只有自己一个人拼命努力，无法感受到周围人们的想法，甚至只想取得哪种治疗法比较好，有没有什么辅具，等等此类信息，但是经过一段时间后，自己的心情也比较从容充裕了，就会注意到周围的人们其实支持着自己,不久后自己也渐渐能够支持别人。这时,心里的认知也就跟着改变了。

这并不是因为克服了疾病与身心障碍,才成为了别人的支持力量。就算病情严重、或是身心有所障碍,你能够享受到真正的人生才是最重要的。你与生命的奋战姿态会成为同伴们的支持,进而对于社会有所贡献。因此在某些时刻,你应该也会觉得"生病其实也是挺好的"。

重大疾病让人无法选择只能面对。
有时甚至会改变之后的生活方式。

我有个朋友过了50岁之后不久,就因为脑梗塞而病倒。他从事的是有关记忆的研究,现在虽然已经痊愈、回到大学继续原本的研究工作,但听说当时他强烈地感受到死亡的存在,并确实意识到死亡的自己。于是,他开始重新审视自己的人生,并且提到要好好思考在距离正式退休的15年里,身为研究者该怎么归纳研究成果,或是该发表什么东西才好。

就是因为这个原因吧！这位朋友在出院后不久就出版了新书。我记得自己也曾经想过，"下次来写本有关某个主题的书吧!"甚至连出版社也都决定了，但因为其他事情忙碌而无法充分收集整理资料。结果只好一边说着"太忙没有时间写书"的借口，然后持续将计划原封不动地搁置了两三年。如果是这种状态，原稿应该需要一气呵成才能完稿吧，但因为总是想着还有时间，所以才会一直地耽搁下去。不过，这位朋友强烈感受到的，却是自己的时间是极其有限、必须珍惜的。

在罹患重病并面对死亡威胁时，自己意识到什么事情，并且觉得必须完成什么事情等种种想法，对于之后的生命态度会带来重大的影响。换句话说，我们常在正面迎向死亡之际，才会发现何者才是自己生命中的重要大事。

当遇到自己与配偶罹患重病这种严重的人生事件时，极有可能导致生活为之一变，但同时也会随着我们采取的对应方法，而成为充实未来生活的契机。其对应方法的关键，就是审视自己内心动向的"内省力"。所谓的"内省"，亦称之为"后设认知（Metacognition）"，就是客观地审视自己的思考与行动,也是独自一人凝视自身的状态。这是动物身上无法得见、只有人类才被赋予的特别能力,也因为这个能力才使人类深化思考内容,并且能够改变行动。所以不要只是害怕死亡,而是要正面迎向死亡,并让人生更为丰富。

因此,当我们遇到重大疾病或是与罹患重病一样严重的人生事件时,最重要的还是平时就要提高内省力。那么,我们又该怎么做才能提高内省力呢? 简单说的话,就是累积许多经验,并在自己的脑海中多加思考。

例如,当我们出门看到没有礼貌的年轻人时,不要只是觉得,"现在的年轻人真是糟糕!"而是要想看看,"他们为什么会这么做呢?""做这些事情,到底诉求是什么啊?"多多阅读报纸,不要只是接受文章表面的说法,而是要在心里想看看"这则报道里面真正的企图为何?"或是"还没有其他的方法呢?"当然,对于自己本身所采取的行动也要多加推敲思量,"为什么会这么做?"或是"之所以会这么说,是不是自己真正的意思呢?"将这些微小的事情加以累积后,就能提高所谓的"内省力",也是超越紧急时刻与危机的一股力量。

6. 人生事件——"老化的进行"

对于记忆衰退与身体功能的低落有所自觉。

无法想起人名、时常遗失物品，原因在于脑部的老化。

要如何做才能补救呢？

人到了中、老年之后，就会渐渐出现无法想起人名、店名，或是物品名称的现象。我们常常可以看到有许多人在提到别人名字时，都会出现"咦，那个人叫什么，就是那个之前来过，头发长长的那个啊……"的场景，然后拼命想也想不起来。这种"话到嘴边，想不起来"的状态，在心理学中被称为舌尖现象"（TOT，Tip of the tongue）"。

我自己也没有例外，常常也会遇到想不起别人名字的窘境。

特别是就在眼前，却想不起熟悉的人的名字时，感觉就像心里突然被扎了一下，非常地焦虑。我自己对于这种心理感受，虽然可以说出来谈谈，但大多数人是根本说不出口的，只是私底下应该觉得很受伤吧！就像我们在序章"老化认知"中讨论过的，这种舌尖现象与老花眼，其实被并列为内在老化的代表性事项。

此外，人到了中老年之后，记性也会变差。我们常常都会说"记忆力变差了"，但其实并没有"记忆力"这种能力。所谓的记忆，是指"编码（Encoding）→储存（Storage）→检索（Retrieval）"的一连串过程。因此，当我们记性开始变差时，其实是记忆入口的"编码能力"出现退化的情况。相对于此种现象，当我们想不起人名的时候，则是记忆出口的"检索能力"开始变弱。另外"储存能力"就是持续记住既有记忆的能力，除了失智症这类情况外，其实这种能力被认为并不会因为年纪增长而衰退。"啊，那位是铃木先生啦！"这种想不起别人名字、但之后又想起来的情况，就是因为大脑中还留有记忆之故。

不过，如果比较年轻人与老年人的话，任谁都会觉得年轻人的记忆力比较好吧！举例来说，如果告诉大家"下次上课时，请将这堂课内容提要、分发资料及三角尺一起带来"，应该大家都会猜测忘记带东西的多半都是老年人。

不过事实上，忘记带东西的多半都是年轻人。特别是与上课没有直接关系的三角尺，两者的确会有极大差距。至于为什么会这样呢？原因就在于老人会把事情记在便条纸上，相对于年轻人都只依赖自己的记忆力，老人通常会使用便条纸来当作"记忆的辅具"。

像这种修补自己不足之处的行为就称之为"补偿"。举例来说，钢琴家阿图尔·鲁宾斯坦（注：Arthur Rubinstein，1887—1982。美籍波兰裔犹太人，20世纪最著名的钢琴家之一，艺术生命长达数十年）年过80仍持续登台演奏，被认为表演未见衰老迹象。其实，鲁宾斯坦下了许多功夫来补偿年龄带来的衰退。他严格选定几首曲子反复不断练习，并采取稍缓的速度来演奏之前较为快速的段落。这就表示，只要知道补偿的技巧，还是能够补足身心衰老的部分。

即使与记忆力同为老化问题，但遗忘东西与寻找东西等现象的增加，主要是因为遗忘了东西被放在何处，也就是注意力的问题，比起记忆力来说是比较大的。在这里，我们试着将注意力分为"选择性注意力（Selective attention）""集中性注意力（Focused attention）""分散性注意力（Divided attention）""持续性注意力（Sustained attention)"等四个种类。

所谓的选择性注意力,是指选择某项事物后并能集中注意力于此。像在宴会场地等这类聚集许多人谈话的嘈杂场所,我们都还是能够和谈话对象专心交谈说话。这是因为我们将注意力集中在对方身上,所以这种注意力就称之为"选择性注意力"。

而集中性注意力就是指集中注意力读书、集中注意力听音乐,这些将注意力集中于某事的状态。分散性注意力则是与此相反,是指把注意力分散到两件以上事情的状态,像是开车、烹饪这类事情就是分散性注意力的代表事项。

至于持续性注意力,是指注意力持续集中于某件事物的状态。不过,我们原本就无法持续集中注意力于单一的活动,所以上课与工作的空档还是必须休息一下,好让注意力能够重新集中。

那么,如果提到为何上了年纪之后,忘东忘西或找寻失物的情况会变多,其实原因就在于四种注意力中的"持续性注意力"出现衰退的缘故。如果忘了家里钥匙和眼镜之类物品放在哪里,每天早上都在找东西,或是每次出门就会弄丢手帕和原子笔等情况,就是所谓的"分散性注意力"低落之故。如果是分散性注意力良好的人,可以同时进行好几件事,或者一边想着其他事情、一边动手做某些事情,但还能将注意力分散于所有事情上。所以,他们能够记住钥匙是在脱鞋子的时候放在鞋柜上;手帕是在喝茶时拿来擦汗后放在桌子上。

可是当分散性注意力衰退之后,慢慢就会出现无法同时集中注意力在多项事情上,自然就会常常忘掉某些东西了。

前一阵子,朋友告诉我说,"帽子去神隐啦!"其实这也是同样的现象。"早上起来后,到处都找不到应该是前一天出门戴的帽子,连床底下和垃圾桶都找遍了,就是完全没有帽子的踪影。"虽然,真实情况应该是在某处拿下帽子后,就挂在哪里或是放置一旁,然后忘了帽子就直接回家了,但是本人却完全没有任何印象,才会说"帽子去神隐啦!"我听到这段话时,倒是很佩服"帽子遇到神隐"这个说法呢!

在心理学中会提到所谓的"归因理论（Attribution theory)"，就是当不了解事物发生的原因时，对于发生原因的思考。如果认为自己是原因时，就称之为"内在归因"；如果认为其他人与其他事情为原因时，就称之为"外在归因"。

这里我们以买彩票作为例子。在排成长长人龙的彩票行中，有人特地排队好几十分钟想要买彩票，原因是这个彩票行卖出的彩票据说常常中奖，但其实不论是在哪里买的彩票，中奖几率都是一样的。只是因为这里卖出的彩票数量较多，所以中奖数量也跟着变多吧！若是可以冷静思考，就会发现中奖几率都是一样的，但是大家却还是一窝蜂跑去排队。

如果说到原因的话，就是因为对于彩票这种"不知道要做什么才会中奖"的东西，大家认为只要辛苦花费劳力就能提高中奖率。也就是说，这些排队的人认为彩票中奖的原因是来自于自己的努力。换句话说，这就是一种内在归因。

相较于此种情况，在发现皮夹不见时，我们却容易想成"是谁偷走了？"把过错归咎于别人，也就是采取外在归因,其实在精神上是比较轻松的。如果采取"自己弄丢的""自己的问题""上了年纪能力开始衰退"等等这些内在归因的话,会让自己很自责、很痛苦。

一般人常会将好事归因于自己,坏事归咎于别人,所以如果责备别人,"是你偷的吧?"就会造成纷争、开始吵架。所以将弄丢帽子形容为"帽子去神隐啦!"然后将问题推给神的话,任何人都不会受伤。既不需要责怪别人、也不需要感到自责,甚至还能当作笑话。

只是,帽子这类东西其实还好,如果弄丢的是重要的东西就很伤脑筋了。那么,有没有什么方法可以作为分散性注意力的补偿方法呢?

最简单的方法,就是用手指头指一指来进行确认。就像是我们经常可在火车站月台看到站务员大声说:"前方没问题"来确认一样,不过除了用手指点一点之外,若能同时出声确认的话,效果也会更加良好。利用这种方法,一边伸出手指头点一点,一边开口说:"钥匙放在鞋柜上面"等等,就不会忘记了。我们有时会在离开家门后,才开始担心"煤气开关应该关了吧?"等问题,这其实也是分散性注意力的问题。我们常因为心里一边想着:"快迟到了，我得快点出门才行"，又一边进行各种动作，注意力才会被引开，也就不能记住到底有没有关好煤气开关了。要是能够一边用手指点一点确认，并且出声说："煤气开关 OK"的话，应该是没有问题的。

只是，这里却还有另一个问题，那就是太过匆忙而忘记用手指头点一点确认。人能够在同一时间进行的事情，是年轻人约为三项，中年以后为两项，罹患失智症的人大约只剩下一项。而且，如果遇到非常重要的事情、情感上极为激动，或是想要集中注意力在某件事情上等等状况时，脑部的信息处理能力就会全部用在那些地方，也无法在同一时间应付其他的事情。因此，当我们面临紧急事态或是有什么事情非常担心时，常常就忘了要用手指头点一点来加以确认。

那么，我们应该怎么办呢？那就是对于我们瞬间信息处理能力，正在衰退的事实有所自觉。然后在集中注意力时、不要同时做其他的事情，要定好顺序后再一个个地依序进行。采取这些步骤，就是所谓的补偿。

另外，烹饪其实也需要分散性注意力，所以有人会说进行烹饪可让脑部的整体信息处理能力有所提升，但这其实是错误的。虽然，信息处理能力如果低落就会不擅长烹饪属于事实，可是就算烹饪也并不会提高信息处理能力。只是常常下厨烹饪的话，可让厨艺进步变好，但下厨并不会让开车技术变好，或是记性提升而不再忘东忘西。

> 觉得可行的事情却出现受伤或是过头的现象。
>
> 务必了解自我概念与实际情况之间有所背离。

去年有个朋友跟我说："跑了 100 米赛跑，结果在抵达终点时瞬间摔倒骨折。"还有另一位友人也说："想要参加社区的马拉松比赛，所以每天早上都会练习跑步，结果扭伤了脚踝。"

其实在社区运动会上跑步会跌倒的，多半是中年男性，老人根本就不会跌倒。如果问说为什么会发生这些事情，其实是因为老人自己有所自觉，并且已经适应目前的健康状况。但相对于这种状况，中年男性却是有着自我概念（Self-image）与实际情形产生背离的状况。自己想象描绘出的自我概念，其实多半都是年轻时的自己，所以与现今的身体能力有着莫大的差别，但却还是按照旧有印象来运动，才会出现这种脱节的状况。

在社区运动会上跌倒的，一般都是原先就不太运动的人。但与此呈现鲜明对比的，就是这几年身穿正统运动服而跑步的中高龄人数变多了。虽然从后方看好像是年轻人的体型，但一看到脸就会马上察觉是中高龄人士的情况。每当遇到这些人时，我自己心里总是不禁想着，"这样锻炼真的对于身体是好的吗？"

我当然知道大家想要永远保有年轻的身体，也很清楚肌肉经过锻炼就会长得很好。但是内脏呢？我们的心脏与肺脏这类器官本身是会逐渐衰老的，所以内脏正在叫苦连天是有可能的。

虽然适度地运动就好，但想要拥有与年轻人一样的体型，还是要经过一番严格训练才能达成目标。

不过在接受健康检查及诊断时，常会听到医师告知"请适度做些运动"，但其实这是一件很难达到的事情。因为人在意向与企图顺利发展时，非常容易出现上瘾而难以控制的情况。当开始运动并长出肌肉，或是运动纪录变好，慢慢出现效果时，大家都会觉得运动变得很有趣。接着就是渐渐沉迷于其中，不知不觉就停不下来了。

　　一旦开始进行运动训练，实际的身体能力在某个时间点前，都还是能够随着自我概念依照比例提升，所以就会渐渐着迷、深陷其中。然后到了某个时间点后，身体实际能力就无法再随着自己的想象增长了。虽然无法像年轻人那样，但却认为只要自己投入训练，身体机能还是能够持续提升，于是就会开始产生自我概念与实际状况有所背离的现象。

　　当然，运动是非常重要的。如果能够锻炼肌肉、培养平衡感，就会带来在日常生活中不易摔倒等各种好处。目前也已经确定健行或是慢跑这类有氧运动，的确有助于改善脑部功能。所以最重要的问题，还是在于运动的多寡及程度。一旦自我概念背离了实际状况而深陷其中时，其实反而会得到反效果。

　　人老了以后，未来一定会出现身体机能低落的结果，如果原本就不是那么看中身体能力的人应该没什么关系，但如果对自己身体机能极为自豪，并将其视为身份认同的人，这时应该会大受打击吧！并对身体机能大幅低落感到沉重的压力，认为"自己已经没有用了"，有时甚至会陷入严重的忧郁状态当中。

若不希望自己出现这种状况,能够客观审视自我状态是非常重要的。举例来说,以老年田径赛为目标或是加入马拉松比赛的人,最好跟随指导人员练习,而非自己随意行动,因为指导人员会客观审视自己的能力,即可避免严重受伤。另外,在专家指示并确实了解自己的状态后,应该也能顺利接受逐渐迈向老化的身体。

"的确,真的不必太过勉强"这类的人觉得改变想法也很好,比起提升身体能力或是创造纪录,他们更乐于享受跑步带来的爽快感,或是与同伴一起跑步的愉悦心情。比起十几、二十几岁时的跑步,六七十岁的跑步意义是不同的。中、高龄的年纪,当然也有中、高龄年纪才有的跑步方式。

对抗老化(Anti-aging),

主观年龄较实际年龄年轻 10 岁左右。

现代人会将主观年龄与实际年龄综合在一起。

你觉得自己的年龄大概是几岁呢? 50 岁? 还是大约

只有 40 岁左右？当然，你一定很清楚自己现在的实际年龄，但是人类其实还有一种不一样的年龄，就是自己感觉自己是几岁的"主观年龄"。

根据笔者进行过的研究结果显示，60 岁至 70 岁这两个年龄层的人的主观年龄，会比实际年龄来得年轻六到七岁。60 岁的人会觉得自己大概是 53、54 岁；65 岁的人觉得自己是 58 至 59 岁；70 岁的人则是觉得自己约为 63 至 64 岁，好像都会觉得自己比实际年龄再年轻一些。

这个情况在美国的调查中也很明显。研究结果显示，60 岁至 70 岁这两个年龄层的男性觉得自己比实际年龄年轻 15 至 20 岁，女性则认为自己比实际年龄年轻 22 至 28 岁左右。虽然日本人对于这两者的差距没有如此之大，但也有人认为这可能是因为"写出年轻十岁以上的话实在是不太好意思，所以就说是六到七岁好了。"这种心理的影响。

我们常听到"银发商品不好卖"的说法，但追根究底就是主观年纪的年轻程度所造成的。因为老人不会认为自己就是老人，因此以老人为主要销售目标的商品就无法大为畅销了。事实上，许多人在只看到他们背影的情况下，根本就无法察觉真正的年纪，因为从穿着打扮到行动都显得朝气蓬勃、活力十足，但以前的人根本不是这样。像我自己年纪还小时，祖母的穿着打扮总是很老气。不过，在不知不觉中，日本人的意识已由"符合年纪"转变为"抵抗老化（Anti-aging）"了。

举例来说，每当在电视上看到和自己同一辈但年龄较大的艺人，我们常会赞赏道："他们总是看起来好年轻喔！"这是因为，我们心里觉得外表比实际年龄年轻是很好的。相反的，看到与自己同辈但却特别显老的人时，"为什么会老成这样啊！"心里不是觉得惊讶，就是感到生气。对于我们现代人来说，老化好像成了一件负面且必须抗拒的事情。

因此，我们采取的行动就是抗老，也就是抵抗老化（Anti-aging）。有时即使我们自觉还很年轻，但却会在无意之间感到自己已经变老。像是看到增加许多白头发，或是体力衰退等等。虽然心里觉得"啊，真的是老了！"但我们在这样的时刻所采取的，并不是符合实际年龄的举动，而是将实际年龄更为接近主观年龄。像是染发、使用抗老化妆品、食用保健食品、前往健身房运动等等，都是让实际年龄拉近主观年龄的行为。

> 对抗老化的目标就是对于拒绝老化有所认知。

　　希望常保年轻，所以注重打扮或是运动健身都不是什么坏事。只是没有静思内省而在这些事情上鲁莽行事的话，有时还是会造成各种"出错"的状况。

　　最容易了解的例子就是"服装"了。有时候，我们会碰到一些人穿着和几十年前年轻时相同的服装，或是服饰打扮都跟现在的年轻人一模一样。虽然以本人来说，大概会觉得"别多管闲事"，但只要看到这种人，老实说不会觉得很不适合又很突兀吗？

　　我们通常会跳过自己的部分，反而注意到别人"真是装年轻啊"或是"想要装年轻吧"。这是因为，我们会以主观年龄判断自己的服装，可是却用实际年龄来判断别人的服装。

　　此外，服装打扮其实还有着"自我表现（Self-presentation)"这方面的意义。所谓的自我表现，是指将对方如何看待当作前提而展现自我的方法，简单地说就是"自己希望如何被看待?"这也表示，穿着与年轻时相同服装的人，其实是想告诉周围人们"自己和年轻时候的自己还是一样的"。因此，当这个人不再年轻时，就会给人"错愕难以理解"的感觉。

服装这类物品只是兴趣的问题，也不会超过笑话的范畴，但是"抗老"带来的损失，有时却是否定弱者的严重事态。所谓的"抗老"，就是希望永远都能保持年轻，也是一种对于衰老孱弱的否定。

原本"老"就包含了"老"的丰富，所以"老"并不是应该加以否定的负面事物。可是如果执着在抗老的话，就不会这么想了。老，是一种身心都开始衰弱、并且罹患疾病或是出现身体障碍，必须依赖他人否则无法生存的状态，也是一种负面的状态，很多人无法接受这个情况。

所以，就会希望在未经过老化过程的情况下直接死去，这就是所谓的"健活快死愿望"（注：ピンピンコロリ愿望，希望自己平常健康且长寿地生活着，然后没有生病就轻松死去）。这些嘴里说着"健活快死愿望"的人，总是觉得"这是为了不要造成周围亲友的麻烦。"其实他们没有发现的是,这种说法其实表明了"老就是会造成别人麻烦""造成麻烦就没有生存的价值"等想法,也是一种"否定弱者"的表现。

当然,我们都很清楚嘴巴念叨着"健活快死愿望"的人并没有恶意,而且目前社会的实际状况也是政府支援不够充分,一旦需要看护就会让家人十分辛苦。不过,不要将衰弱的同伴弃之不顾,而是协助看护或是照顾的行为,正是人类经过漫长历史后所获得的人类独有特征。如果否定这一点,也等同是否定了人性。

抗老,对于老化的抵抗,追根究底后可发现这是一种对于"老"与"衰弱"的否定。我想,我们对于这件事情应该要有更为深刻的认识。

第2章

70世代

（70—79岁）

接受他人的协助，并且思考世代繁衍传承的年代

70 世代(70—79 岁)这个年龄层是身心各方面都开始出现质的变化的年代。相对于六十几岁出现的衰老变化大多属于量的变化,进入 70 岁以后则是在质性方面产生变化。就像小孩子会因为第二性征而成为大人一样,人也会因为激烈及不连续的变化而变成所谓的"老人"。

　　在年龄增长至日本称为"后期高龄者"的七十几岁之后,就会从以前都是援助他人的角度,转为需要别人来援助自己。这时,是否能够聪明接受他人支持,与到目前为止的生活方式是有所关联的。

　　此外,包含自营公司及公司董事这些人在内,70 世代(70—79 岁)这个年龄层可说是完全离开工作、正式退休的年纪,所以与社会的关系当然也会产生变化。其中包括社会性生活圈缩小,以及生活方式改以家人生活圈为中心。因此,慢慢开始就会强烈意识到自己到孩子、孩子到孙子等世代的繁衍传承。

1. 人生事件——"工作正式退休"

社会性生活圈的缩小。

觉得老年期时应该脱离社会呢？还是要参与活动呢？

想要理解老化的身心是很困难的。

并非只能两者择一。

在届龄退休之后，就要舍去以待遇、地位、权力等基于自我扩张为主要标准的想法，再次取得社会性评价等等崭新的标准，同时更要找出自己内心的根本真义，才能对改善未来展望有所助益。另外，如果能在家中与在地社区等处所找到自我心灵的安适场所，也可以让我们每天的生活更加充实，并且提高幸福感。

就像我们在第 1 章《2. 人生事件——"延长雇用、再次就职"》中所提到的，能够意识到这些事情并顺利度过"转乘期间"的人，应该对于之后要完全脱离工作已做好了心理准备。不过，一旦正式展开脱离工作之后的完全退休，就会导致社会性生活圈的缩小。

我们平常就生活在大致分为两种的生活圈中，其中一个是"家人性生活圈"，另外一个是"社会性生活圈"。在孩提时代，家人性生活圈就几乎占据了世界的所有，等到渐渐成长了，社会性生活圈就再次变大。然后随着工作正式退休，并成为高龄者之后，社会性生活圈就再次变小了。这并不仅仅是行动范围的限缩，同时也意味着经验多样性的减少、自我的限缩等等。

在成为高龄者之后，要如何看待这种社会性生活圈的缩小，换言之就是从社会脱离的情况，其实有两个方向。一个被称为"社会撤退理论"（Social Disengagement Theory），这个理论认为人在老化之后就无法避免个人与社会间关系出现缩小情况，所以接受这一点比较能够适应各种状况。另一种则是"社会活动理论"（Social Activity Theory）。这种看法认为成为高龄者后，也要和目前一样维持社会性活动比较好。

大家的想法又是什么呢？觉得上了年纪后就要离开社会性活动、安静生活比较好呢，还是继续进行社会性活动比较好呢？

目前，大多数人都是认为"继续进行社会性活动比较好"。事实上，这种做法的幸福感会变高也与目前看法一致。不过，若从我自己至目前为止的经验来说，比较不可思议的是，自己说出"无法再照顾人了"的时刻必然来临，只是每个人的时期都会有个别性的差异。不过，自然说出"自己已经从照顾人那边转到让人照顾那一边"，并且对此有所自觉的时刻终究是会到来的。或许，这也是"老"在质量上出现变化的时间点。

至于是社会撤退还是活动，其实两者都是生存方法的问题，但也是这个人的身心状态问题。另外，所谓的社会撤退并不是什么都不做而自我封闭，或是任由自我持续限缩的情况。即使无法进行与社会之间有着紧密关联的活动，例如每次都前往参与在地社区的义工活动，或是成为兴趣社团领导者并引领同伴这类事情，也可以在更为狭小范围中，为家人与朋友做点事情，或是一个人孜孜不倦地追求某些事情。

一般说来，到70世代（70—79岁）前半这段时间都还是保持在维持活动性的方向，但之后就会渐渐趋向为限制物理性世界，并且拓展精神世界，这样应该就能顺利适应

"老"的到来了。因为人类生命逐渐长寿,使得我们的老年期也有了飞越性的成长。因此,老年期究竟要从社会活动撤退还是继续维持活动,并不需要两者只能择一,而是历经高活动性的时期之后,最后再慢慢到达社会撤退的阶段。

> 撤离商业买卖与农业。要让亲人顺利承接是很困难的。
> 如果真是如此,那又该怎么办呢?

从前有个研究所的学生告诉我说,"未婚夫为了继承家里的农业回去老家了,我不知道到底要不要一起回去?"虽然她的未婚夫也是研究生,但老家却是代代经营极大规模的农作事业。而原本承接家业的父亲突然间去世,所以只好回家接手。在我身边,还有许多这类例子,有的人是孩子不愿承接导致放弃田地,有的人是年纪大了以后结束公司营运,有的人是经营药局但无人接手,所以烦恼着是否要将它卖给大型连锁店。

到了 70 世代(70—79 岁)这个年龄层,经营自营业或是农业的人都会开始考虑是否正式退休,但这时遇到的多半都是继承者的问题。如果公司组织很大的话，就算自己孩子不愿承接，也还有董事或是员工可以接手。但如果是个人商店这种家族经营的小型事业，孩子不愿继承时应该就只能结束商店的营业。但因为大家对于自己的店面或是田地，仍然有着深深的眷恋，所以常会要从事其他工作的孩子回家继承自己的事业。

偶尔，我们在电视上也可以看到从事其他工作的儿女们回到老家，继承可能在这一代失去传承的传统技艺工作的节目。报道的记者总是异口同声说："后继有人，真是太好了！"可是事实真是如此吗？即使暂时找到孩子回来继承了，那下一代呢？守护传统手工技艺是非常重要的事情，但只因为血缘的因素就让自己孩子继承就是好的吗？

在"家制度"（注：日本在明治时期所制定的民法，规定一个家庭需有户主与家庭成员，而户主为一家之领导中心）已然失落，拥有选择职业的自由，以及现今子女人数稀少的现今社会，是很难有家族经营事业的。我想大家都很清楚这一点，但即使如此还是希望让孩子继承事业的话，原因就在于强烈的承诺（Commitment）所导致。

这种承诺，也就是执着，常会随着倾注的时间、劳力、金钱等因素而呈现等比例增强。举例来说,当发现交往中的对象与别人劈腿时,通常交往时间不久的话就能立即分手,但如果是交往时间很长,而且还送给对方金钱、宝石、皮草、车子等各式各样物品时,就算对方再恶劣,也很难中断感情而立即分手。

或是手中正在进行某个计划时,若着手处理不久后即发现失败,就比较容易全部打掉、从头开始,但如果在投注大量劳力、资金、时间之后才被判断失败,总会觉得是否真的无法挽回而不断想方设法,反而造成深陷泥沼的情况。

要将长年累月倾注心血所经营的事业,转让给他人是很困难的。如果这个事业不是自己完成,而是代代相传的悠久事业更是如此。

不过,我们并不需要因为是自己的孩子,便要求他们从事相同的工作。孩子会因为自己并不想接手该工作而改为从事其他工作。与其让不适合的孩子继承而导致家业溃败,还不如交给其他适合的人选继续经营。这种方式也更能维持我们对于家传事业的承诺。

如果见到商店与田地确实经营下去,即使是交给他人管理,还是能够感到自豪与荣耀。

我想，之所以想让孩子继承个人商店与农业的背后动机，应该是觉得其他人无法继承的缘故。不过，现在的社会有许多年轻人都想要经营小型店铺与农业，若有人因无后人继承而烦恼不已的话，不妨先行自我表露，主动告诉大家"我现在的工作有着这样子的魅力，但无人承接，不知道有没有什么适当的人选?"如果一开始就认为孩子以外的人是不可能的，那就不会出现后续了。若能降低心中的隔阂，并且展示自己内心的感受，应该不久后就能出现意想不到的发展。

重新建构身份认同。

脱离社会性身份认同之后，

就能重返自己青年时期所抱持的原有身份认同。

在届龄退休之后，我们就会失去社会性的身份认同。开始感觉难以明确定义自己究竟是谁，甚至连自我的存在都出现动摇。不过，我们还是可以借"延长雇用"与"再度就业"重新建构自己的身份认同。

不过，当再次辞去所有工作后，也会再次失去重新建构的身份认同。如果是在此段期间已寻得其他身份认同的人，应该没有什么问题；但如果是未能找到身份认同的人，自我的存在可能就会再次动摇了。当面临此种状况时，又该怎么办呢？

我想，此时该做的并不是再一次建构社会性的身份认同，而是应该重返真实的自我，找出真正属于自己的身份认同。

在青春时期这段时间，每个人心里都会抱持着很大的烦恼，不断想着"自己这辈子到底是出生来做什么的？""我能做的事情，我会做的事情又是什么？"之后再借读书，或是和朋友谈谈，或是外出旅行等各种途径来面对内在的自己，并试图寻求这些问题的答案。

但在长大成人、有了工作之后，我们找到社会人的身份、先生或太太的身份、父亲或母亲的身份，等等各式各样的身份，所以便在不知不觉中停止提出"自己究竟是谁？"的问题。不过，那些青春时期的问题却始终潜藏在心底深处，偶尔扎痛我们的内心。

专栏作家天野祐吉先生(注：1933—2013 年。日本著名专栏作家、评论家，也是广告界名人，曾创立《广告批评》杂志，著有多本作品）于生前曾经写下这么一段话："人类虽然同时拥有着清醒与疯狂，但是大家都是将疯狂隐藏起来而活在清醒的世界里。"不过，就算很认真地活在清醒的世界当中，但还是越来越绑手绑脚。特别是在上了年纪之后，不但身体变弱、性格也变得懦弱，更是畏首畏尾，什么都做不了。但只要出现能够共同疯狂、互相认可的同伴，就不会这样了。我自己虽然也上了年纪，身体变差、性格比以前懦弱，但因为有着能够一起疯狂的朋友，所以得益甚多。

我真的是这么想的，虽然"疯狂"这个词汇的形容方式稍嫌激烈了一点，但重要的不是在意社会责任的严谨世界，而是游戏的世界，也就是能做傻事、能够彼此谈天说笑的世界。或是可以述说梦想、潜心兴趣，追求一文不值事物的世界。而我们在青春时期所追求的身份认同，也就是"自己就是这样子的人"这种最为私人且主观的身份认同，就会存在于这里、这个疯狂的世界当中。这就是我的想法。

当完全离开职场的时刻到来，其实也是再一次自问自己青春时代问题的最好时机。回到青春时代原原本本的自己,思考自己出生后的意义究竟为何,人生的价值又是为何,再一次烦恼那些青涩的烦恼,然后试着尽情徜徉在与目前截然不同的世界里,我想一定能够感受到非常开心,充满喜悦的美好体验。

这里要顺便告诉大家的是,我自己在退休离开工作岗位后,想要去做些周围人们会喊出"啊"一声、让人惊奇的事情。像是大家会说,"哎呀,完全没想到会是做出这种事情的人"。总而言之,就是"变身"之类的事情,而且为了达到目标,未来可能会花上好几年,找出自己可以对什么事情尽情疯狂!

2. 人生事件——"身心质量的变化"

对于自己已经成为老人有所自觉。

视力、听力,以及牙齿都开始恶化。

即使觉得困扰麻烦,也未必会认真面对。

不知道大家觉得所谓的"老人"应该是几岁?在日本

是将65岁以上的人称为高龄者，也就是"老人"，并用来统计高龄人口，以及制定福利政策。这个年龄是以联合国经济、社会及人口司（United Nations, Department of Economic and Social Affairs, Population Division）的定义为准，但应该没有什么人会觉得中、高龄的人，只要具备65岁以上就是老人了。此时，自己的主观年龄还很年轻，而且周围也有许多人无法让人想象就是老人。

那么，要到几岁之后才会看起来像个老人呢？

虽然这个问题会因人而异，但是一般都是在进入70世代（70—79岁）这个年龄层后，大部分的人就会出现老人脸孔与体型了。举例来说，因为眼睑肌肉开始衰退，所以眼睑下垂、眼睛变小。脸颊肌肉也同样会出现退化，所以一样会出现垂落的情况，嘴角的感觉也会不一样。皮肤渐渐松弛，皱纹开始增加，脸部与外貌的变化速度加快。如果像艺人那样进行去除皱纹的美容手术，当然多多少少能够延迟老化的速度，但终究还是有其限度。到了七十好几之后，抗老的效果就会越来越不明显。

至于身体的部分也同样会出现变化。有些人会出现身体衰老且肌肉量变少，肌力与运动机能亦出现低落的状态,也就是所谓的"肌少症"(Sarcopenia),或是"运动障碍征候群"(Locomotive syndrome)。

这里提到的"运动障碍征候群",是指因为运动器官出现障碍,而呈现需要看护的高风险状态。而运动器官是指肌肉、肌腱、骨骼、关节、脊髓,以及末梢神经等等支撑身体运动的器官。这些器官会因为年龄增长而出现肌力与平衡感能力的低落,或是随着年龄而引发各种疾病、骨质疏松症,以及退化性膝关节病症等等,导致身体机能渐渐难以发挥功效。这么一来,我们的身体就会开始疼痛,无法举起手臂,或是渐渐无法行走。

此外,中年时期常常遇到的问题是"代谢征候群"(Metabolic syndrome,内脏脂肪肥胖再加上高血糖、高血压、脂肪异常等其中之一而合并形成的病症),但是进入高龄之后,反而常常因为过瘦而造成问题。如果询问70世代这个年龄层的人,"和65岁相比,体重是增加还是减少了呢?"大部分的人应该都会回答,"体重减轻了"。大约以70岁为界线,就会从放任不管即开始肥胖的状态,转变成放任不管就开始变瘦的状态。

接着,从肌肉变少的"肌少症"开始,有时甚至会引发被称为"衰弱"（Frailty）的复合性状态。所谓的"衰弱"，是因为身体老化造成各种身体机能退化，也是容易演变为需要看护与疾病的状态，只要出现以下五大项目中的三个，就会被判定是衰弱。

① 体重在一年之中减少了四到五千克。

② 容易感到疲倦。

③ 肌力低下（握力）。

④ 步行速度变慢。

⑤ 身体的活动性变差。

日本老年医学会曾经提出，"衰弱是身体处于健康与需要看护之间的状态，要尽早发现身体已经处于衰弱状态，凭借摄取充足营养，或是适度运动，身体就能恢复到健康的状态。"

在进入 70 岁之后，五感（Five senses，视、听、触、嗅、味）也会出现显著的衰退。例如，牙齿不好无法食用坚硬的食物；或是唾液分泌变少，食物很难吞咽；耳朵开始重听，听不懂别人说的话，而且也听不到高音。无法明确感到冷热,对于炎热或是寒冷都很迟钝;慢慢体味不到味道;如果字体不够大,即使戴上老花眼镜也看不清楚;等等。虽然感觉器官的功能到此之前已经出现变差的情况,但从这时开始衰退就会加速,甚至必须装上助听器或是假牙这类辅助工具。

这么一来,就会造成各式各样的困扰,而且就算自己也会提到"耳朵开始重听了"等等情况,但如果问说这是不是表示自己就能正视老化,或是自己本身正在老去的事实,那答案可就另当别论了。

日本属于一个超高龄的社会,有许多人都是年纪很大的高龄长者,所以"老"就成为了一种相对性的概念。也就是说,大家常会以"那个人还比我老",或是"这个年纪已经有人需要看护照顾了,我可是没有什么问题",或是"比起同年龄的人,我应该还好吧!"等各种理由来和他人比较老化的程度,然后让自己感到安心。这并不是拒绝老化的到来,而是寻找一条逃避的退路。即使相对化看到自己的衰老,也绝对不会正视。

因此,许多地方机关即使呼吁那些身心状态不佳的人，要多多参与预防认知机能及运动机能低下的活动，但还是有许多人都会表示"我还没有什么问题"，导致无法召集人群。如果就这样弃之不理的话，身体就会开始衰弱的恶性循环，然后陆续出现失智症、忧郁、骨质疏松症、尿失禁、低营养、摔倒等等被称为"老年征候群"的症状与疾病，甚至还有陷入需要看护状态之虞。虽然早日处理面对比较好，但这却是难上加难。

如果想要消除这个现象，地方机关必须思考的是不要在身体机能低落后才召集人们，而是要在身体机能尚未低落之前，就举办大家能够尽情参与的活动。事实上，也有一些地方机关极为用心，而且成功找来许多高龄长者开心参与各种活动。

不过，若是自己居住的地区没有这类活动时，又该怎么做才好呢？

最好的方法就是自我创造诱因。可以和配偶及朋友一起前去，当作是享受愉快的时间，或是可以仔细思考前往参加会带来什么好处。如果邀请配偶或是朋友的话，就会因为承诺造成影响，"还是不要去好了"的说法也就难以启齿了。如果是没什么兴趣、但最好前往参加的活动,只要先开口说"我要参加"就可以了。

被要求不要继续开车。
自己虽然觉得没有问题,但却找不到理由。

你会开车吗? 如果有在开车的话,在听到日本 70 岁
以上更换驾照时必须接受高龄者讲习,75 岁以上必须接
受认知机能检查的说法,会觉得如何?

大部分的人应该都会认为"和我没有关系吧!"或是
"这是国家规定的义务,所以必须接受,如果出现问题,就
是得了失智症的人,所以跟我一点关系也没有"。

另外,如果家人开口要求,"真的很危险,应该不要再
继续开车了!"或是"缴回驾照不是比较好吗?"可能听到
后还会大发脾气骂道,"别开玩笑了"。事实上,只要被指
出那是旁观者觉得非常危险的驾驶行为,通常老人们的
标准反应就是大发脾气。

若问他们为什么要生气? 原因是他们对于开车还是
很有自信,但为什么有自信呢? 那是因为老人比年轻人

有着更高的"胜任感（Perceived competence）"。所谓的胜任感，就如同字面所显示的，就是自己对于自我能力可以胜任的感觉，目前认为这是为了要在剩余人生中活得更为顺利才益发突显的个性特质。当胜任感不高时，每天都会觉得身心持续衰退老化，甚至无法在肯定自我存在的情况下继续生活。加上为了让时常出现的自我否定倾向有所转变，所以才会产生这种情绪，这其实也可以说是一种自我防卫机制。因此，当人的年纪越大时，胜任感、自我肯定感（Self-affirmation）与自尊心（Self-esteem）也都会越强、越高。

另外，驾驶这个行为还有着所谓的"自我效能感（Self-efficacy）"。只要上了年纪，生活中就必须面临各式各样的不如意。像是双脚和腰部衰弱后就难以远行，甚至车站的售票机使用方法也搞不清楚，到了银行也不会使用ATM，一旦显现出慌张迷惑时，排在后面的人就会流露出不悦的脸色等等。

就算是在自己家里，连要到二楼都会觉得上下楼梯很辛苦，甚至会被门槛绊倒摔跤，看到最新家电制品也搞不懂使用方法等等，这种种的不顺利都会让人不断增加焦躁感。

但是车辆的驾驶却不太一样,只要是长年都有在开车的人,几乎都不用思考就能轻松驾驶。加上可以按照自己的意思运转车辆,也能够去自己想去的地方,只要越常开车就越能感受到所谓的自我效能感,这就是高龄者坚持开车的原因。当日常生活中不如意的情况越来越多,驾驶带来的自我效能就越有存在的价值。

不过,话虽如此,"危险的老人驾驶"这个说法并不是周围人们的偏见。上了年纪之后,驾驶技巧会开始低落也是明确的事实。人在开车时,并非只需要操作油门及煞车,而是要在同一时间内对行人、自行车、对向来车、尾随车辆、交通灯号标志等各种周围状况,持续保持高度的注意力。总而言之,驾驶车辆需要高度的分散性注意力,但随着脑部机能的衰退,就会慢慢失去这些能力。因此,才会发生只看着灯号的变化而未能注意从旁出现的自行车,或是注意到行人却没看到右转车辆等各种情况。

因为胜任感与自我肯定感较高之故,这些高龄长者就更无法面对自己的危险。可是一旦发生事故,却是难以挽回补救。尤其是发生死亡事故,或是导致对方残障时，不但会带给他人不幸，连自己后半辈子也都笼罩在这些不幸之中。

想养一辆车的话，包括税金、停车费用、汽油等方面都需要高额费用。如果用这笔钱乘坐出租车的话，不但没有危险，乘坐起来也很舒适愉快。搭乘出租车时，乘坐者可以喝酒，无须避免喝酒不开车的情况，而且想睡觉也无所谓，一定会比自己开车来得更加轻松。如果大家能够像这样改变看法，就可以开始考虑停止驾车行为的时间点了。

> 提高智性的好奇心、行动的擅长领域也会随之扩展。
> 如此一来，生活习惯也会有所改变。

过了70岁之后，就会确实感受到脑部的老化。自己也会发现忘东忘西的情况变多，而周围亲友告诉自己"你又忘了吗?"之类情形的次数也是持续增加。

于是，很多人便想着，"应该做点什么来防止老人痴呆"，不是回答计算问题，就是朗读文章。虽然大家盛传这种脑部的训练具有一定效果,但以我来说,我并不认为只是单纯计算和朗读就能预防老人痴呆。

如果要对脑部训练的效果进行测验,需要定期前往大学研究室等地点接受训练,经过一段时间后再找出前后的差异。因此,如果说只是进行计算问题或是朗读就可产生效果,其实是因为脑部功能在经过训练之后得到了改善之故。

但是,只须每周一次两个小时的训练,真的就能改变脑部的功能吗?我自己曾经接受一周一次两小时的训练,结果是其余的每周六天与 22 个小时的生活的确有大幅改善,所以我认为训练是有其效果的。

在参加这类训练时,可以听到各种讯息,所以回到家之后也会开始留意各种事情。像是注意食物的摄取,或是运动时也要多加留意。另外,和训练同伴之间也会开始交谈、在脑海中定好计划,每周搭乘电车或公交车前往训练地点。如果开始朗读书本,连原本没有读书的人也会产生兴趣,就会渐渐习惯前往图书馆或是书店。重点在于刺激智性的好奇心,行动的擅长领域就会增加,生活习惯也会改变。

不过在科学研究中，这样的日常生活是无法将其数值化的，因为个人因素而有所差异的要素太多，根本无法数值化。正在研究"训练"的人们也说，"因为每个人的生活都不一样，所以会互相抵触，只能比较有无接受训练这个条件。"的确，只要接受训练就会得到效果，但如果说所有的效果都是因为每周一次两个小时的训练才能获得，那可就言过其实了。

所以，就算躲在家里解答那些计算问题，剩余时间的生活方式完全没有改变的话，也只是让计算的速度变快，根本无法期待会有其他的效果。所以大家最好还是外出散步，或是参观展览及欣赏电影、戏剧，也可以和其他人碰面，或是和同伴们做点什么事，以多多刺激智性方面的好奇心。

不知道大家有没有听过，"认知存量"（Cognitive reserve）这个名词。所谓的认知存量，就是指认知功能的储备能力。有着高认知存量的人遇到中风倒下时，许多病例都显示他们在认知功能方面受到的伤害会比较轻微。

目前认为越是平常就经常使用脑部的人，这种认知存量就会比较高。不过，说是使用头脑，但这可不是指所谓的学问，而是指拥有智性的好奇心，思考或是动手去做各式各样领域的事物。

这种认知存量也被称为"修女研究"（Nun Study），也是一种因为修女研究而闻名遐迩的能力。从前有位修女在死后被解剖脑部，研究人员发现她的大脑已经萎缩至与罹患阿兹海默症的病人一样，但修女是在将近一百岁的时候去世的，她在世时始终以修女兼任教师的身份持续活动。也就是说，她一直能够胜任修女兼教师的各种活动，也持续保持着认知的能力。

我们从这个例子可以知道，日常生活中多动脑筋的人会有较高的认知功能储备量，即使因为老化导致大脑萎缩，认知机能也不会大幅低下。而且，目前也已经知道当遇到脑中风之类的情况时，如脑部损伤程度相同，拥有较高认知存量的人的认知机能受损状况也会比较轻微。那么，如果认知存量很高，就算罹患阿兹海默症等病症的话，认知机能也不会出现大幅低下吗？这个问题在目前尚未得到明确的答案。不过，倒是有些研究人员是这么主张的。

无论如何，与其关在家里做些计算问题的解答或是朗读书本的活动,还不如外出接受智性方面好奇心的刺激。而且这么做的话,生活习惯也会改变,也能够提高认知存量,我想对于预防"老人痴呆"的效果也会更加明显。

适应老化。

健康长寿只是幻想?

当无法做到原本就会的事情时,采取什么行动才是最重要的?

我们经常听到"健康长寿"或是"健康寿命"这样的说法。甚至整个国家与地方团体也都常常提倡"以健康长寿为目标"或是"延长健康的寿命"的观念,但这里提到的"健康",又是指什么样的状态呢?

虽然健康有着各式各样的定义,但 WHO(世界卫生组织)与日本厚生劳动省的定义是有所差距的。厚生劳动省是以"日常生活中没有任何限制的期间"作为健康寿命的定义。根据这个标准,日本人的健康寿命为男性 71.19 岁,女性为 74.21 岁。健康寿命与平均寿命的差距为男性约 9

年,女性约 12 年(资料来源为 2013 年厚生劳动省)。

　　不过,在说到"健康"这个词语时,我们的认知并非只是"日常生活中没有因为身体障碍与疾病而有所限制",而是"身心幸福、安宁"(Well-being)的状态,也就是"肉体与精神都保持在健康、幸福的状态"。厚生劳动省基本上也将"客观性强、日常生活中没有任何限制的期间"作为主要指标,然后将"主观性强、对于自己处于健康状态有所自觉的期间"当作副指标,然后互相搭配考量。不过,还是让人感觉我们提到"身心幸福安宁"这个词语时的幸福感是被抽离的。虽然在医学上没有关系,但"身心幸福安宁"在心理老年学中却是个极重要的问题。

　　就算日常生活中没有限制,身心状态还是会随着年龄增长而年年衰老。就像是"去年能做到的事情今年却做不到了",或是"五年前还能做这么多,但现在只能做这些了"等等。在医学方面,如果符合年龄的标准,就可称为"健康"。可是因为本人很清楚现在与之前的差距,所以即使是日常生活没有受到限制的状态,还是很难说是所谓的"健康、幸福"。

简言之，如果只看肉体方面的功能，或许能够实现"健康长寿"；但若是从一个拥有心灵的人来看，"健康长寿"不过是一种幻想罢了。

此外，如果厚生劳动省定义的"不健康状态"就是日常生活中有所限制的状态，可是不健康时本人就会觉得不幸福吗？答案当然是绝非如此。日常生活中即使因健康问题受到限制，还是可以感到健康又幸福，而且实际上有许多人也都是这么想的。这里我们可以举个例子，当双脚不良于行、步行困难时，只要周围亲人细心照顾，提供良好美味餐点、拥有开心的事情，也能够感到自己"健康又幸福"。

在老年心理学中，并不是以永保身体健康为目标，而是要如何做才能在健康衰退时仍保有幸福感。当健康有所损害时，要如何处理、如何补救才是重点。

举例来说，如果因为摔倒导致害怕外出，而持续把自己关在家里，这样会让步行的能力慢慢消失。如此一来，幸福感更是益发低落，所以必须想些什么办法让自己不害怕出门，甚至是开心出门。首先，我们可以选择尺寸大小适合且功能优异、能给人安全感的鞋子。或是购买时尚的手杖及帽子，甚至是与朋友及家人一同外出。像这样增加促进因素，并且将负面情绪转变为正面想法是很重要的。

当五感功能开始衰退，有些人会不喜欢戴上老花眼镜与助听器，所以持续忍耐着种种的不自由。这么一来，不但行动范围缩小，想法也更不愿意改变，幸福感当然也会随之低落。老花眼镜不论价格多少都有琳琅满目的种类，助听器也同样有着各式各样的类型，从体积微小不太醒目的机种，到特地设计成缤纷多彩有如饰品的类型通通都有。大家的确可以用享受的心情，来选择适合的物品。负面的事情不需全盘接受，将情绪转变为正面积极虽然重要，但若是执着在健康上，终究无法达到原先的期待。

> 当外界情况与自我期待不一致时，
> 初级控制能够改变外界、次级控制能够改变自己。

当周围情况与自己的期待未能符合时，我们为了适应所采取的策略会有两种。一种是改变周围情况以符合自己期待与愿望的"初级控制"（Primary control），另一个则是改变自己的内在以配合周围环境的"次级控制"（Secondary control）。

举例来说，当双脚状况不佳而不良于行时努力复健，希望之后可以再次行走，就属于初级控制。相对于这种情况，如果把想法转变为"啊，现在换成电动轮椅了，比用走的还轻松！"这就是所谓的次级控制。因为灾害造成房子毁损，想要再次建造新房子就是初级控制，但相对于此的"暂居临时住处其实比较轻松的！"这类想法，就是改变感受的次级控制。

到了60世代这个年龄层左右，大多会采取初次控制的方式以期适应周围的情况，但是到了70世代这个年龄层之后，借次级控制方式来适应外界的情况也慢慢变多。因为这个时候已经失去能够改变外界情况的能力，当对此困境有所自觉时，老人就会在无意识之中采取次级控制的做法。

事实上，利用这种次级控制方法来适应周围环境是非常重要的。因为当周围环境无法符合自我愿望与期待时，就是一种负面的状态。这种次级控制虽然乍看之下给人一种嘴巴上不认输的感觉，但这种方式却能够消除周围状况无法合乎己意时所带来的压力，也是一种让自己保持在正面思考的重要方法。

不过，所谓的次级控制其实也会有"只能这么想"之类较为负面的部分。

当无法行走时，如果想着"要能再次行走已经不可能了，怎么样做都没办法了"，或是在失去房子时，想着"根本不可能重新盖好房子，怎么样做都没办法了"，也就是完全放弃的话，反而会造成忧郁的反效果。因此，这个时候就必须巧妙地使用前面例子提到的漂亮手杖或是鞋子、时尚的助听器等各种"诱因"。

在上了年纪且身心慢慢衰退老化时，所谓的健康长寿常常自始至终都是采用初级控制来面对及适应周围的状况。但上了年纪的老人原本就是连单纯采用初次控制的力气都会失去，所以根本就是一个行不通的方法。与其执着在过于勉强的目标而陷入"无法达成"的情况，还不如巧妙地改变想法继续生活，这样才会是幸福的吧！

3. 人生事件——"退出社区活动"

退出社区活动与义工活动。

从援助他人的立场转变为被援助的立场时，

内心的幸福感也会随之降低。

我们在第 1 章中曾经提到，如果把一百年的人生以 25 年分成一阶段的话，50 到 75 岁的这 25 年是找到人生本心与真义，以及自己真的想要做的事情的一段时间。那么，之后的 25 年，也就是从 75 岁开始的这段时间，又是一个什么样的时期呢？其实这是一个从援助他人立场转变为被人援助立场的期间，也是一个一边接受别人的支持，一边追求本心与真义的时期。

不过，在所谓的支持援助这部分，因为有着提供方的幸福感会比接受方来得更高的法则，所以一旦成为接受方，就会有幸福感低落的危险。不过，如果是在之前就拥有支持他人，或是提供有利人们与社会协助经验的人，即使自己也成为被援助者时，并不至于出现幸福感过于低落的状况。

　　原因就在于自己若是有过贡献他人、贡献社会这类经验,心里就会有"人类就是应该要互助合作"的坚定想法,同时对于"自己对于社会也曾有过贡献"抱持着极大的自信,内心更不会保持着"不想让人照顾""让别人照顾实在太可悲"等等别扭的情绪。加上周围人们了解这个人长期从事社会贡献,所以能够真心喜悦地给予帮助。在两方面想法加乘下,别人的支持援助不但不会被负面看待,反而可以当作是正面的事。

　　因此,想要让75岁之后的时间能够幸福度过,可以在之前的期间参与在地社区活动、义工活动,或是工作也可以,重要的是要透过这些事情而对他人与社会有所贡献。不过,如果很遗憾的,在未能拥有这类机会的情况下就到了75岁的话,又该怎么办才好呢?

　　我想大家还是可以在身心状态允许的范围内从现在就开始给予他人贡献。举例来说,如果是双手还能灵活的人,可以编织或缝纫些物品,或是做点小玩具,当作礼物送给育幼院及幼儿园的小朋友。如果喜欢园艺活动,则是可以把鲜花和作物送给附近的高龄安养设施，或是把家里附近的垃圾给捡拾干净。其实有许多事情都是这个年龄还可以做到的。

不是作者夸口，相信大家只要阅读本书之后就会产生不同的想法。对于他人与社会有所贡献、援助和被援助等议题完全没有想过的人，和读过本书之后开始思考的人，两者看待这些事情的方式一定是会截然不同的。

人一旦孤立就会变成反社会，

情况加剧时，甚至会出现垃圾屋这类情况?!

如果不喜欢被别人照顾，也拒绝他人提供援助的话，之后就会变得越来越孤立。所谓的"孤立"，是指一个人生活，避免与其他人产生关联而失去社会支持（Social support）的状态。孤立与孤独虽然相似，但相对于完全属于主观认定的孤独，孤立却是指和社会之间没有联结的客观状态。

人原本就属于一种社会性的存在，而且也有着希望社会接纳的根本性需求。因此，当因为某些事情导致人处于孤立状态时，就算真的是因为自己的问题，还是会觉得"想被接纳"的欲望与期待被拒绝，然后就开始避开别人，并且感到愤怒与孤独。最后形成了反社会的心理状态。

像是经常成为社会问题的"垃圾屋"，现在也被认为不少案例都是这样产生的。或许，成为垃圾屋的起点只是因为不知道要怎么分类，或是哪一天才能丢某种垃圾，或是健康状况不佳无法出门倒垃圾等等这类每个人都会遇到的状况。无可奈何地选在适当的时间及正确分类后拿出门去丢弃，可是却发现只有自己的垃圾被弃置原地，甚至还贴上一张"无法回收"的标签。强忍着难堪把垃圾带回家后，还是不知道要怎么处理这些垃圾，只好继续堆在家中。只要这样的事情不断累积，家里就会堆满垃圾了。"为什么只有我的垃圾不能回收？""为什么要刁难我""大家都不来帮我，我知道一定是嫌我很臭！"如此一来，怒气不断堆积，也就越来越顽固了。

造成这种情况后，就算行政单位伸手援助，也不会想要接受了。当然，也不是置身在那个情况中的人全都会成为反社会,温和稳定地生活的人才是压倒性的多数也是事实。不过,因为某种原因导致后来陷入孤立的状态,是任谁都可能遇到的。若要在这样的时刻巧妙地接住伸过来的手,最重要的是平常就需降低内心的藩篱与隔阂。

特别是男性们从小就被教育"不能依赖别人",并在强大的压力的情况下长大,所以不擅长由自己开口向别人要求援助。如果对外示弱就不像个男子汉,也是男人绝对不能做的事情,所以当他们身心脆弱且寻求帮助时,就会产生极为强烈的负债感。因为没有办法做点什么回报对方,所以对于对方会感到亏欠。此外,当发现这种情况时,心中还会产生越是脆弱就越无法求助的矛盾情结。

想要脱离这种"男子汉的束缚",并不是一件简单的事情,而且若没有敞开内心展示弱点,根本就无法解开这个束缚。可是一旦公开弱点,又会让身为男性的身份认同就此崩坏,可说是压力极大的事情。

那么,到底要怎么做才能挣脱这个束缚呢?

其实就是只能练习再练习了。当面对双亲的看护与死亡、配偶与自己罹患重病等负面的人生事件时,就要预先做好接受帮助的练习。想要自己解决困难的想法虽然值得尊敬,但太过固执会使得人生在结束前无法获得幸福。想要人生的下半辈子幸福快乐的话,就必须降低内心防备并且表达内心的感受,让别人看到自己的脆弱之处也是很重要的。

求助并不是一种示弱的表现,能够将自己弱点暴露在他人面前,并且自己开口寻求帮助才应该是真正的坚强!

和朋友见面开始变得麻烦。

和朋友们聚会也不再觉得开心,

为何会出现友谊不再的情形呢?!

不知为了什么原因? 在六十多岁时重温旧交而培养出的好交情,最近出现嫌隙的情况变多了。

就算参加朋友们的酒聚和小旅行,任性自我的人越来越多、让人感到疲倦。即使去了也不会开心,所以心里不禁想着是否就不要再参加了。到了 70 世代这个年龄层之后,与朋友之间的往来也会这样慢慢开始疏远。到底是什么原因导致陷入这样的情况呢?

其实原因之一,就是与脑部的信息处理能力低落有关。我们在前文曾经提过,双亲之所以会不断说着,"给我那个,给我这个"并且开始产生依赖,原因就在于上了年纪之后的脑部信息处理能力开始下降,所以无法在同一时间处理大量的信息。因为人的行动会伴随着许多的信息处理,所以这类状况也会发生在我们自己身上。因此,以前分担负责的酒聚安排、旅行计划的拟定等事情也都变成了一大重担,所以有些人便会说些"太忙了"之类借口来逃避各种角色的责任与压力。

再加上脑部一旦出现信息处理能力低落的情况时,就无法对周围状况多加留心注意,所以只会一股脑地处理自己的事情,就像那些坐电车时拼命拨开人群,一路朝往空位前进的老人们,就是因为缺少能够注意周围状况的认知能力才会这样。同样的,当认知能力不再足够时,即使参加朋友聚会也只会坚持自己的立场,像是"场所这里就可以了!"或是在旅行的目的地,自己随意行动等等。

总而言之,因为脑部的信息处理能力降低,渐渐无法在同一时间内处理许多信息,所以就会在无意中开始依赖了解脾气的知心朋友。或是无法对友人像以前一样关心,才会看起来就像是"任性的行动"。因为每个人的信息处理能力有所差异,所以先开始出现低落状况的人常被说是,"之前不是这样的人啊,最近老是任性妄为呀!"

　　另外,与这些行为有所互动的人同样也有问题。自己虽然和朋友一样都出现体力、力气衰退的情形,且信息处理能力也持续低落,但因为是朋友的依赖,所以想要回应却造成负担感加重,或是无法应付这些状况。可是虽然这样,但有些人还是会因为朋友的缘故而想要对这些依赖有所回应,这样的麻烦只是更为加深内心的负担感,而且光是想到朋友就觉得厌烦了。

　　如果想要上了年纪也能和朋友好好相处的话,彼此都能理解这种高龄者的身心状态是非常重要的。只要想到就像自己会觉得麻烦一样,对方也同样觉得麻烦,而且双方原本就是好朋友了,若能互相补足缺乏之处应该还是能够度过快乐时光的。

4. 人生事件——"给予孙辈援助"

> 在金钱方面给予孩子及孙子协助。
>
> 如果赠予孙子"教育基金"的话,家人间的心理界线会有所改变,这种情况是好事吗?

在日本,目前已经立法可以教育资金的名义赠予子女与孙子每人1 500万日元,而且无须课征赠予税。这条法律是在2013年4月至2015年12月底这段限定时间内实施,而且目前也确定2016年后会继续推行(注:法律条文为教育资金の一括赠与に系る非课税措置)。根据这个法律条文,只要是学费、设施整备费、学校旅行、远足费用、透过学校购入物品费用等直接支付给学校的花费,可以有1 500万日元的免税额度,其中的500万日元则是可支付在补习班及补习学校的学费、才艺月费等等学校以外的教育服务方面。

这个制度的订定是基于为让据说拥有六成个人金融资产的60岁以上民众手中金钱回流给现职世代,并企图活化经济而拟定的战略。因为若是为了孙子而花费金钱就不会觉得可惜，所以这点也确实捕捉到祖父母的心情，或许也可以说是非常巧妙的战略，但如果问到这对整个家庭是否为好事？那答案可就不能一概而论了。

这里我们不妨说个故事。有某个家庭在吃过晚饭后，暂时回到自己房间的婆婆，经过了儿子夫妇正在谈话的地方，结果偶然间听到媳妇开口说，"下次我们家一起去旅行吧!"婆婆很高兴地回答说，"好啊，我也想去!"结果，却发现媳妇露出了不开心的表情。

从父母的角度来看，儿子当然就是家人，而且儿子的家人也是自己的家人。只是对于媳妇来说，心里的想法是只有先生与小孩才是家人，所以先生的双亲并不算是家人，所以婆婆应该看家让自己这一家人单独前往旅行。就算同住在一个家里，终究还是存在着心理界线，而家人更是属于双重结构。

这位婆婆因为越过了心理界线，所以才会被媳妇苦脸以对，但只要无法确实掌握这条心理界线，就会引发各种纷争。如果父母给予孩子金钱方面的援助，只是给钱而未开口过问的话，就不会越过这条心理界线。不过，一旦给了钱又开口干涉，那就是越过这条心理界线了。特别是在教育这类应该由父母主导的领域，如果祖父母开口介入其中，就是一种极为明显的越权行为，更会成为纷争的源头。

如果是基于本章节开头所提制度而赠予孙子教育资金时，一开始就会限定在"教育资金"这方面，而且使用方法也被限制得极为详细。也就是说，如果是祖父母的话，就会因为赠予的行为而产生"我们自己负担孙子教育"的想法。这和给子女们一笔没有特定目的且用途也没有限制的金钱是完全不一样的。

第一，从重要的养老资金中拿出几百万元，对于使用方法能够完全不加过问吗？如果是连 1 500 万元都等闲视之的有钱人，说不定什么都不会干涉，但一般人应该不是这样的吧！

像是"比起那所大学，这家不是比较好吗？""不要选文科，应该要读理科才对！""没有学什么音乐的必要啦！"之类的看法就陆陆续续抛出来，应该也是人之常情吧！因为心里觉得"孙子的教育是我们负担的"，所以不管嘴巴或是态度都会出现这种想法。

另外，除了教育资金之外，只要给予孩子们金钱方面的援助,就会让父母亲的势力变强。原本父母亲在70岁之后身心就会开始衰退,接受孩子们协助的情况也会渐渐增加,所以孩子的势力通常会开始超越父母。可是,当父母亲给予金援之后,父母亲的势力大于孩子的情况就会一直持续下去。这么一来,孩子们的家族就被父母亲担任一家之主的家族给吞没了,心理界线受到侵犯,最终还是会引发各种纷争。

虽然政府与金融机关、大众媒体只看到经济效果而赞许是很好的决策,但是教育资金的赠予也会导致许多心理方面的复杂问题。金钱一定会介入心里的感受。为了不要说出"特地出了钱,竟然什么都不能说"而勃然大怒,或是"如果是这样的话,就不要给钱了"等后悔的言论,最好对家人心理界线的问题能够预先保有自觉与心理准备。

思考世代的继承性。
孙子的世代受到生于不景气年代父母的影响,
价值观在不同的世代会有极大的差异。

现在的年轻人总是被认为太温和、靠不住。就像"草食系男子"这个词语所显示的，年轻人们对于异性没有兴趣、没有物欲、更讨厌和其他人竞争。如果从一路在竞争社会中奋战并坚强生活至今的祖父母们的角度看来，应该会觉得很不争气吧。对祖父母们来说，孙子们看起来又软弱、又无法依靠，而且毫无斗志。

虽然大家认为年轻人们之所以成为草食系族群，原因就在他们出生于物质丰裕的年代，同时也受到日本宽松教育方式（ゆとり教育）的影响，但我认为泡沫经济崩坏以后持续恶化的不景气，对于这一代的精神应该也有极大的影响。之所以会这样，是因为我们发现当经济限于窘迫时，父母亲会出现精神不稳定，或是对于未来感到没有希望等情况，当然也会对孩子造成严重的影响。

但如果问到现在的年轻人内心是否真的对于异性不再关心、没有物欲及竞争力，实际上当然并非如此。他们之所以对异性、物质、竞争等方面都表示出没有兴趣，并不是对这些都没期待，而是有所期待也难以达成之故。现在的年轻世代其实也想和异性交往，也想开时髦的好车，也想出门去玩，也想在社会上出人头地。可是，他们很清楚就算自己想要，但终究是无法达到，所以便下意识地关上心门、不再期待。

如果一直忍耐有所期待但无法实现的心情时,就会陷入一种压抑的状态。当这种压抑的状态成为日常且毫无挣脱方法时,心里一碰触到这种压抑就会非常不开心,所以才会采取不要意识到这个问题的方法。也就是说,不要成为大口吞食的肉食系才能保持内心平静安稳。但是在祖父母的角度看来,现在的年轻人却是显得极为懦弱又窝囊,这其实是横亘在不同世代间且无法解决的巨大鸿沟。

不过,祖父母们根本没有意识到这条巨大的鸿沟,老是不断地将自己的价值观强加在别人身上。正确地说,应该是没有"想要强迫",而是他们嘴里说的"只是为了孙子们好啊!"只是得到的却是反效果。

老人们对于自己有着强烈的自信,因为如果否定自己70年以上的生存方式与价值观的话,就等同是一种对于自己本身的否定,一旦这么做就会让自己陷入忧郁状态。

因此,老人们基本上对于自己的生存方式都会抱持着一定的自信,而且还有极高的自尊心。加上老人们也想要自己对于别人有所帮助，所以当无法透过工作与小区贡献而对他人有所帮助时，就会把想法的矛头指向家人。觉得自己对于某人有所帮助就是觉得自己拥有生存的价值，也可以改善自己的未来展望。

基于这些原因，祖父母们才会责备埋怨，或是一直唠叨着"人生家训"。结果孙辈们完全不想听训，只是响应"很啰唆耶"或是"讲这些有什么用，时代根本不同了"结果，祖父母们的自尊心与自我肯定也都受到了伤害。若想改善老人的未来展望，对话的另一方应该在言词与态度上明确表达出"已经确实收到了讯息"的响应。可是，在无法确实感到世代之间鸿沟的情况下，即使给予明确回答可能还是无法让对方了解接受。

要传承给孩子与孙辈们什么东西呢？
重要的是展现所谓的生存方式。

这么说的话，将自己的价值观传承给孩子及孙辈难道是不好的事情吗？不，绝对不是这样，重点在于想要超越世代而传承下去的东西究竟是什么？也就是说，所谓的"世代的繁衍传承"（Generativity）才是最重要的。只是，是否真有能够超越世代之间鸿沟的价值观才是最大的问题。

在高龄者的家计调查研究中，可以发现几乎所有支出项目的金额都是减少的，只有单单"交际费"这一项呈现增加的情况。其中占有最大比例的就是对于孙子的开支。内容就像我们知道的，如果是祖父母给予子孙援助时，大多是给些零用钱、帮忙出些学费等等。不过我自己觉得真正重要的是祖父母们在精神方面的援助。

所谓的精神性援助，并不是指遇到困难时获得安慰。虽然这些也包含其中，但是真正的重点还是在于展示祖父母们自己的生存方式，并且传达何为人类，何为人生的种种观念。

在我的研究室中，有个学生选择了祖孙两代之间关系作为毕业论文的研究主题。他采用了问卷的形式来调查从祖父母角度所见到的孙子功能，以及从孙子角度所见到的祖父母功能。根据调查结果显示，在孙子角度所见到的祖父母功能这方面分数最高的是："对我表示关心与兴趣""会关心我的身体状况""不管发生什么事情也不会抛下我"等等对于自己带来好处的部分，这当然是很正常的。不过分数次高的回答则是"从祖父母身上开始想到与人死亡有关的事情""看到祖父母，会想到自己上了年纪以后要变成什么样子"等等。

孙子从祖父母身上可以学习人的生存方式与死亡方式。无须说教或是强调人生家训，只要展现自己的生存方式就能充分传达自己的想法。如果祖父母老了之后还是精神奕奕地生活着，或是身心不自由也能幸福地生存下去，孙子们也会觉得，"我也要像这样生存下去"。

比较让人意外的是自己的孩子似乎不太清楚父母的人生里曾经发生过什么事情、之后又是如何面对克服这些困难，更别说是下一代的孙辈了。或许一副说教数落的样子可能会被讨厌，但是若以说故事方式述说的话，也并非完全没有意义。对于父母来说，告诉后辈子孙们自己在巨大历史洪流中究竟如何采取行动，可以说是一个重新审视自我的行为；对于孙辈来说，也就是传承父母的人生。

世代之间所传承的事物可分为个别世代性与一般世代性。

如果在只有个别世代性的情况下结束，实在是太无趣了。

　　日本著名冒险家三浦雄一郎（注：1932年出生，为日本著名登山家。1973年起担任青森大学工学教授，是目前成功登顶珠穆朗玛峰的最高年龄纪录保持人），在2013年5月以80岁这个史上最高年龄第三次成功登顶珠穆朗玛峰（Everest，圣母峰）。这是他继70岁与75岁攻顶后的第三次挑战。不过，为什么三浦先生要在如此高龄时再次前往珠穆朗玛峰呢？真正原因与其父亲三浦敬三（注：1904—2006年，日本著名登山家、滑雪家。在北海道大学就学期间即开始滑雪运动。60岁后开始海外山岳滑翔挑战，直至百岁仍不懈怠）的强大存在有着强烈的关联。

　　三浦雄一郎先生在60岁左右就想自冒险生涯引退，所以不但停止了严格的训练，同时也过着随心所欲而吃吃喝喝的生活。结果，身高164厘米的他竟然快速肥胖至90千克的酒桶式身材，后来甚至恶化到无法登上仅有500米高度的山岳。但是当时对于儿子这种情况难以认同且轻视的父亲三浦敬三，却仍以超过90岁的高龄持续前往险峻山坡练习滑雪，因为父亲的目标是希望在99岁时登上欧洲白朗峰（注：Mont Blanc，阿尔卑斯山最高峰，高度为4810米），并从大冰河滑翔下来。

看到父亲的身影，三浦先生内心的火焰也被点燃，他下定决心要"成为世界最强的70岁男人"，所以再度展开了严格的训练。后来也顺利成功登顶珠穆朗玛峰。

而父亲敬三先生也克服了三次骨折的病痛，如期于2004年以99岁高龄成功滑翔白朗峰。100岁的时候更是协同儿、孙、曾孙等一家四代于美国进行滑翔挑战，成为当时热烈讨论的话题。始终抱持着梦想，并且正面挑战直冲前进的三浦敬三先生，除了儿子雄一郎之外，连孙子、曾孙也都继承了他的精神。

在99岁高龄成功自白朗峰冰河滑翔的三浦敬三先生与80岁成功登顶珠穆朗玛峰的三浦雄一郎先生，都是非比寻常的例子。我想这正是天野佑吉先生所说的"疯狂"吧！这也可以说是他们人生的根本真义吧！一般提到要给子孙们继承什么时，都会提到生存方式的传承，而且有许多人想要传承给后代的都是认真、理智这类正常世界的想法。不过，如果只有这些的话，也实在是太无趣了。特别是祖父母要传承给孙子的，应该是仍在职场打拼的父母们无法达到的事情，也就是所谓的疯狂世界的趣味，以及将这种疯狂视为自己人生真义的重要性。

父母借着展示工作中的自我身影，就能传递给孩子们正常世界的价值观。不过，已经退休且离开职场的祖父母们，却无法作到这一点。如果想要传承正常世界的价值观，总会给人唠叨说教的感觉，甚至最后被子孙们敬而远之。不过，如果是疯狂世界的话就完全没有这些问题了。

举例来说，有些人会在退休之后再次组成乐团从事现场表演。如果知道祖父母组成乐团的话，子孙们的反应大概不会只有大为吃惊，而是清楚感受到在这样的年纪仍可拥有玩心，并且持续领略身而为人的开心与喜悦。如此一来，孙子们就能看着祖父母并将这点视为自己的人生典范。

在这样的疯狂世界里,可以是兴趣、义工活动、或是地区贡献等等任何事物,而且深入探究后,可以发现这种疯狂是可以超越世代而不断被传承下去的。

将祖父母的生存方式教给子孙,然后再继续传承下去,就能够带来超越家庭界限的世代繁衍传承。三浦敬三与雄一郎两位先生的生存方式对于家人与其他人来说都是美好的事物。从他们的身影得到传承的,不仅仅是陌生人的他人,还包括了全体陌生人所构成的这整个社会。

我认为这种世代的繁衍传承可大致分为两种,一种是个别世代性;一种是一般世代性。所谓的个别世代性是家人能够传承下去的,像是房子、遗产、墓地、家规,甚至是子子孙孙都可算入其中。但相对于这些事物,所谓的一般世代性就是能够让世间社会广泛传承下去的事物,其中包含了知识、传统,以及对于社会的贡献等等。三浦敬三与雄一郎两位先生的生存方式超越了个别世代性,已经升华至一般世代性了。

80 世代

（80—89 岁）

超越失去，并保有崭新未来展望的年代

进入 80 岁之后,也就进入了一个人生开始倒数的年代。日本人的平均寿命为男性 80 岁,女性则是 87 岁,所以许多人都有着"虽然可以活到 80 岁,但不知道能不能活到 90 岁"的想法。虽然说,这也是一个必须好好面对及意识死亡的年代,但老人们一般都会在这段期间出现年纪越大、态度越是正面的心理状态,并在态度上越趋开朗,这就是老人独有的心理现象,称之为"正向效应"(Positivity effect)。

在身体方面,也会出现罹患某种疾病、身体障碍,或是失智症开始发病的状况。要完全依靠自己独立生活变得困难,所以日常生活都需要他人协助,而且有人需要入住赡养设施或是与孩子们同住。如果还是把"健康长寿"或是"抵抗老化"当作是金科玉律的话,进入这段时期后就会陷入空虚失落而难以脱身,甚至无法保持新的未来展望。因此,相较于身体健康,进入这个年龄层后更重要的是要多多充实内在。

此外,在这段期间可能还会历经配偶死去、朋友或是认识的人去世等重大丧失事件。不过,这些经验并不会损及未来展望。能不能在这段期间当中超越失落感而掌握新的未来展望,将会对人生终末期是否幸福造成重大影响。

1. 人生事件——"自己与配偶被判定需要看护,或是罹患失智症"

> 被判定需要看护,或是罹患失智症。
>
> 即使需要看护或是得了失智症,
>
> 还是能够拥有正面积极的未来展望。

当被认定为"要看护"(注:在日本看护制度中,由保险单位进行调查后,判定身心属于需要由他人看护照顾的状态),或是被诊断为失智症时,有些人会认为"自己已经没有什么用了",而失去了生存的意志,每天只穿着睡衣而不愿替换衣服，甚至连房子也不愿踏出一步，一切都觉得百无聊赖而失去动力。这种情况和被医生宣布得了癌症一样，有些人在不知道是癌症的情况下还能够继续生活下去，但如果一被医生告知是难缠的癌症，即使没有任何自觉症状，还是会觉得非常沮丧而时常闷闷不乐。

在日本，被判定为"要看护"及罹患失智症与癌症不同的是，如果不接受判定结果就无法使用看护保险，照顾的人会非常麻烦。但如果是癌症的话，如果讨厌被说是癌症的话，也可以不要接受诊察，甚至在未接受癌症诊察的情况下也能使用医疗保险。可是日本的看护保险却不是这样的。因此，即使本人真的非常不喜欢，有时还是会因为家人的要求而必须接受诊断。

在接受"要看护认定"调查时，家人都会希望尽量从严判定，如此才能使用许多看护服务而松了一口气，但我们也经常听到本人竭尽一切、努力完成平常无法做到的事情，导致要看护程度被轻判。其实这是因为高龄者本人非常不愿意被判定为需由旁人看护照顾的"要看护"等级。

为何一被判定为需要看护或是罹患失智症，就会因而失去生存的欲望呢？原因就在于本人的未来展望变成了负面。特别是失智症的情况，因为大众媒体报导了许多悲惨的例子，所以病患会感觉自己的未来似乎也是同样悲惨，但这其实是过度盲信媒体的信息了。

重要的是，就算已经接受专业认定或诊断，并不表示今天的自己与明天的自己就会有所不同，或是什么都没办法做了，当然也不会马上就死掉。

如果说到什么都不会或是死掉这些事情，那是每个人都会遇到的必经之路。每个人在死之前，就只能好好活着，尽管如此，那些无法抱持幸福未来展望的人，或许是因为不知道有人即使需要看护或是得到失智症，都还是能够幸福生活。也就是说，这些人缺乏的是人生典范。

事实上，就算是需要看护或是罹患失智症，还是有许多人能够抱持正向的未来展望而过着幸福的日子。例如有位长期担任护理师工作的女性，在 60 岁之后被诊断出罹患了失智症。在 60 岁这个年龄层就被诊断出失智症的话，绝望的感觉一定会比 70 岁、80 岁之后再被确诊，来得更加深刻、更加强烈。因为，这个宣布是出现在自己还没有成为老人的自觉，对于未来仍然充满希望与想象的时间点。

可是,她却说了:"即使医院的工作很辛苦,我还是希望尽可能地帮助别人。"并在老人看护机构从事义工的相关工作。她每天到日间老人看护中心帮高龄长者做些Vital Check,也就是体温、血压等生命体征的测量工作。同时也在日历上记下孩子预定来访及协同先生出游计划的日期,每一天结束之前再写上日期与盖章,开开心心地数着剩余的日子。

事实上,如果想让未来展望获得改善,所谓的短期目标与长期目标就会是必需的。虽然很多人都不清楚自己的长期目标,但如果缺乏了长期目标,未来展望就无法获得改善。之所以这么说,是因为人若只是处理眼前的预定计划,根本就很难找到生命的意义。一旦被判断为需要看护或是失智症,而且未来展望也转为负面消极的话,常常是因为失去了长期目标之故。

那么,真的会失去长期目标吗?其实并非如此。对于这位原本担任护理师的女性来说,与孩子们见面及协同先生外出旅行只是短期目标。相较于这些目标,"希望尽可能地帮助别人"这件事就不是短期目标了,而是有生之年都会坚持的长期目标,说不定对这位女性而言才是人生的本心与真义。

既然已经罹患失智症，这位女性迟早都要面临无法
继续从事义工活动的日子到来。不过，"希望尽可能地帮
助别人"这个想法，一定能够铭刻在她的心上。因为这正
是她人生的本心与真义，也是她强烈祈愿之所在。在她
去世之前，这个想法一定是不会消失的。从这层意义看
来，就算失智症持续恶化，我想她还是不会失去长期目
标，而是能够持续保有明朗的未来展望。

为何有些人不愿接受日间看护与居家访问看护呢？

年纪到 80 岁前后，大部分人都会开始叨念着："自己
没法再照顾别人了，只能接受别人照顾真是不好意思。"
可是他们看起来跟不需要看护，且仍保有体力与力气的
人没有什么两样，那他们为什么会显露出软弱的一面呢？
真正的原因应该是他们对于自己成为被照顾的一方已经
有所认知之故。

不过，老人家们基本上是很正向的。在老年心理学中，

可以发现年老虽然对于所有人都属于负面事物,但只有老人才会抱持着正面的态度,这个特别的现象也是自古以来的一大谜题。这种老人独有的现象就是被称为"正向效应"(Positivity effect)。在你身边一定也有将近百岁高龄,但却对死亡毫不恐惧,每天都笑眯眯过日子的长者!

如果问说老人为何会如此正向,答案是因为老人晚景时间短暂之故。

人的情绪原本就不会一直保持在负面与正面之间。朝向积极正面靠拢的现象是很普遍的,但目前的看法是认为这些老者们之所以会有如此现象,是因为他们已经了解到自己将会死亡的事实。如果在理解死亡的情况下继续生存,就必须要有"自己具有生存价值"的自我肯定感和自尊情感,而且随着老人晚景的时间越短,这种自我肯定感和自尊情感就会越来越强。所以老人们才会展现出正向的态度。

不过,因为身心衰退导致不如意情况随之增多,还是会让人心情焦躁不安。而且如果被判定为"要看护"并加入日间看护中心时,老人们常常被要求做些气球轻排球(注:以气球取代排球进行的运动),或是彩绘填色等有如儿童游戏一般的活动，自尊心当然更是受伤。就算待在家里让居家访问看护员（注：Home helper，对于在宅高龄者与在宅残障者提供居家协助的看护人员）前来拜访，同样是自尊心不能接受的事情。如果是家政阿姨来帮忙，因为自己仍处于上位的雇主位置，通常是比较好的。但居家访问看护员是看护自己、提供协助的人，所以会感到自己的立场屈居下风。因此，下意识之中就会想要保有自尊，甚至刻意盛气凌人地呼来喝去，好像在叫下人一样，导致别人的不悦与厌烦。

当发生灾害事故时，也会出现这类的情况。当发生大型灾害时，救援物资会最先被送到现场，接受这些是没有问题的。可是在经过一段时日而开始给予个别援助之后，常可见到被支持者与支持者之间产生对立的情况。这是因为被援助者心里产生了负债感，感到立场屈居人下。

而且这些接受援助的受灾者，心里仍抱持着负面的想法，所以会对支持人员产生"你们怎么可能了解我们感受"的纠葛情绪。如此一来，支持者这一方也会觉得，"不知道的是你们吧！我们这边可是很清楚的"，因为如果不这么发泄情绪，彼此都很难让事情持续下去，可是只要超越这段艰辛的时期，支持方与被支持方两边还是可以渐渐理解对方的情绪与想法。受灾者之后也会觉得，"不是他们自己的事情，却有如自己事情一样地担心着我们"，两方之间就会形成有如朋友的对等关系。

在需要看护的场合里，也许因为居家访问看护不可能每次都是同一人前来协助，所以很难建立起有如朋友般的关系。不过，的确这种站在对方立场设想的"设身处地性"等相关问题，连看护的人也都很伤脑筋。只要想到照顾自己的人所说，"一直烦恼着要如何想让你了解我的立场"，应该就会觉得没有必要认为自己立场屈人之下，或是脾气别扭地抱怨，"反正你也不懂我的感觉"。

> 加入病友团体与病友家属团体。
>
> 当配偶需要看护或是罹患失智症时，
>
> 若不想造成恶劣结果，就必须将看护予以社会化。

当被认定为"要看护"或是得了失智症时，虽然本人很辛苦，但其实配偶同样很难受。特别是失智症，不仅是原本能做的事情会慢慢失去能力，甚至还会出现各种症状，像是渐渐无法理解旁边是自己配偶的情况，或是将钱包遗失的情况归咎于配偶而大喊小偷，有时还会嘴里说要回家结果跑出门外，种种棘手难题常会让照顾者陷入混乱之中。

在这个时候，重要的是要和第三者商谈，并且借助别人的力量。不过，有些人是会拒绝他人协助的。就像我们在第 2 章所说的，男性们特别不愿意吐露脆弱的心声，觉得不应该这么做，甚至也不会向外界求助。但这却是非常危险的。

所谓的看护，并不会随着照顾者的努力与花费的时间而让对方获得等比的改善。不管如何辛苦努力，被照顾者还是会理所当然地出现恢复极为缓慢或是迅速恶化等情况。因此，有些照顾者无法接受这种情况，觉得自己"这么拼命，为什么情况没有变好！"而对被看护者大发脾气或是施以虐待，甚至还有因过度绝望至极而企图自杀的例子。

为了不要让情况恶化至此，接受第三者协助，也就是将看护予以社会化是非常重要的。首先是与看护支持专门人员等商谈。有些人对于看护相关人员的谈话极为轻视，只重视医师所说的内容，但这其实是很不好的观念。

并不是身为医生就会详知所有看护的相关事物，而且有些医生甚至认为只要开药就好。例如四处徘徊与日夜颠倒等认知症的精神相关症状，与医师商谈后大多都只是得到投以精神药物的处置方式，但有时这些药物还会造成反效果。分别向看护和医疗领域的专家确实请教商谈才是最重要的。

若要将看护予以社会化，也包含了自己协助他人这一部分。举例来说，有位先生因妻子罹患失智症，所以在市镇的"家人看护者协会"担任会长一职。

他刚开始只是照顾自己的太太，但后来与日间看护中心的职员渐渐熟悉，之后就开始参加家人看护者团体的聚会，而且在给予相同立场的病友家属协助后，便被大家推荐成为会长。

这些病友与家属的相关协会，从"失智症病人与家属协会"开始，形形色色、类别繁多，而且各地都有这类团体。有根据不同疾病设立的，也会专为男性设立的。有时某些赡养设施也会设有入住者家人协会。若要让看护社会化，参加这类协会团体是非常重要的。

就算一开始，只是因为想要知道哪些地方有哪些设施，或是哪里可以购买哪些物品这样的动机，也是没有关系的。即使这是一种追求眼前之利而参加协会团体的行为，但加入之后，一定可以发现在不知不觉中已和同伴们共同拥有烦恼与不安，沉重的心情也可以获得缓解。也是一种眼睛无法看到的利益。

如果持续参加这类团体，还会发生"情感的逆转"，慢慢开始正向积极，甚至感受到喜悦的存在。这是因为慢慢就能见到即使遭遇相同却仍保持开朗的人，以及自己虽然辛苦但仍愿意协助他者的人。而且，自己如果受到朋友影响而成为明朗的照顾者，下次就能带给自己的同伴更为明朗的感觉。也就是说，我们全都是可以自救救人的。

2. 人生事件——"入住养老设施，或是与孩子同住"

入住赡养设施。

在双亲入住赡养设施之前，内心总是纠结烦乱，

若是自己入住这类场所，则是住进去后才感到挣扎不断。

当双亲正式入住赡养设施时，为人子女者都会陷入

矛盾的情感当中。愧疚、放心、忧愁、解放感等各种相反的情绪不断激荡心中而烦恼不已,但这些都是发生在双亲入住赡养设施之前。只要父母渐渐习惯赡养中心,并且稳定生活后,这种心情也会慢慢淡化褪去。

那么,如果是自己入住赡养设施的话,又会怎么样呢?自己入住老人赡养机构时,在入住前当然也是会烦恼不已,但住进去之后才是矛盾纠结情绪的开始。之所以会这样,是因为每个人在入住前三个月都会出现"入住不适应"的情况。

可是我们为什么无法适应住在赡养设施的生活呢?最大的原因是在于没有自由。如果是附有看护功能的老人中心,通常集体生活是最基本的要求。就算入住的是个人房,用餐时间与入浴时间一般都还是固定的,根本无法自己一个人在夜里泡个澡之类的。如果是住在家里,就可以在喜欢的某一天、喜欢的时间里泡澡,但到了这里只能在规定的日子及固定的时间里入浴。包括饮食也是,没有菜单可以选,而且种类最多也只有三种,更不可能在喜欢的时间吃自己喜欢的东西。

因此,很多人无法适应集体生活这种特殊环境而出现了消瘦、忧郁等症状，甚至患有失智症的人还会出现暴走胡闹的行为，或是拒绝旁人看护。不过如果赡养设施对于每个人的各种需求全都一一满足的话，赡养中心应该就无法营运了。因此，设施这边会觉得入住者"必须忍耐"是理所当然的，入住者本身其实也是这么认为，所以大概经过三个月后就会慢慢习惯而稳定下来。

不过，这种"没有自由"的状态到底是什么呢？说到这里，可能要先问问读者们，所谓的"自由"是什么？

"自由"其实就是指"自决性"（Autonomy），用别的说法表达就是"自律"。对于人类来说，所谓的自由是自己能够决定自己的事情，而且在有生之年都会希望拥有自由的就是人类。因此，当人的自律被侵犯时会感到痛苦，但目前日本的看护制度并不重视"自律"。政府只重视"自立"，而且拼命想要延长"健康寿命"，所以现今的"看护"制度大多成为了"协助自立"，而非"协助自律"。

那么，当自己真的进入赡养设施居住时，又该怎么做才好呢？我想最好是尽量找到重视自律的地方吧。不要以设施机构的外表或是说明文件来做判断，而是借助体验入住，或是入住时工作人员如何应对接待等情况来直接了解。我想,选择愿意重视入住者自决性的地方才是最好的。

> 与孩子同住。
> 两个家族同住在一个家里面,
> 所以对于物理性界线及心理性都要有所意识。

　　如果和孩子们同住,就会再度构成一个家人的生活圈。在这之前可能都是夫妻两人、或是独自一人生活,当和孩子一家人在一起生活后,就形成了一个较大的生活圈。可是若问到是否与孩子们同属一个生活圈的话,答案倒是否定的。因为从孩子们的角度看来,父母其实并不属于自己家庭的家族。在第2章的《4.人生事件"给予孙辈援助"》中,我们介绍了一个故事。偶然间听到媳妇说"下次我们家一起去旅行吧!"的婆婆很高兴地回应,"好啊,我也想去"。结果媳妇却露出了不开心的表情。这是因为双亲所看到的自己家人与孩子看到的是不一样的。

　　这种情况称之为"世代界线",而且年轻的世代对于这种世代界线比较敏感。如果没有确实发现这一点的话,这条界线就会形成两代间的巨大鸿沟。

最近,有个朋友提到了下面这个情况。他为孙女订购了孩子梦寐以求的智能手机,但不久后却接到了儿子打来的电话说:"爸爸是特地买这个送给孩子的,可能我说这个不太好意思,但爸爸可不可以将手机解约呢?"原来儿子认为:"现在有很多因智能手机而造成霸凌问题,所以不希望女儿使用智能手机。"

当然,我的朋友认为购买手机是件好事才会这么做,但他却没有发现家族间界线的存在,进而侵入了儿子的家庭。孙女要不要使用智能型手机是由负担养育责任的父母来进行判断的,所以从头到尾都属于儿子一家的家庭内部问题,只是这位朋友没有发现这条界线而已。如果无法查询世代界线这种心理性的界线,就会被认为是过于迟钝,有时甚至会在孩子们之间形成巨大的鸿沟,所以大家务必要多加注意。

不过,相对于这个例子,有时也会因为要设立明确的世代界线,反而导致鸿沟出现。有个朋友好几年前盖了一栋二世带住宅(注:日本常见的世代混居住宅,一栋房子拥有不同入口,通常由父母家庭与孩子家庭分别居住不同楼层）与父母同住。儿子一家住在二楼，父母两人住在一楼，各自使用各自的厨房，出入口也非同一处。这是因为儿子夫妇是双薪家庭，所以为了不要打扰到父母才这么做，但之后却造成了反效果。因为在父亲去世后，母亲成为了孤零零的一个人，最后陷入了孤立的状态。

所谓的"二世代住宅"，是当一个家庭同时有两个家族时，借助区隔出明确的物理性界线来划出心理方面的界线，也是一种用来避免纷争的住宅形式。所谓的物理性界线，就是能源费用、餐费等等家计花费要如何处理，三餐做饭与打扫要如何处理这类问题。至于心理性界线，则是孙子的教育要怎么办，儿子与媳妇吵架时要怎么办，等等。只要这两种界线处于模糊不清状态就会产生互相干预的情况，进而造成纷争。虽然二世代住宅被认为是用来预防这类的纷争，但还是会有未能清楚画出心理界线，或是像朋友家那样让物理界线造成心理上鸿沟的各种情况，无法完美处理就是现在的实际状况。

现在，因为身心状况不佳，或是双亲只剩一人，或已进入需要看护状态之后才和孩子们同住的父母也持续增加。只是就像我们前面说过的，当父母衰弱之后才一起同住的话,孩子就会拥有压倒性的强大势力,所以父母亲就算有什么事情不喜欢也无法开口表明,甚至还会陷入看护即控制的可怕陷阱。就算彼此能够体谅对方的心情,但过于勉强时,等在前方的仍会是悲剧。

为了避免这种情况,最好要在自己身体仍属健康的时候就向孩子们传达"不要太辛苦了""希望尽可能使用公家提供的服务"等等这类自己的想法。如果是与孩子们关系疏远的人,就必须要采取一起吃饭或是旅行等行动,努力修复彼此之间的关系。

3. 人生事件——"故交、友人的死亡"

> 失去充实网络。
> 即使因为朋友的死亡而失去充实的网络,
> 还是能够深化内在的世界。

目前认为人在进入高龄期后,拥有"安心网络"与"充实网络"是非常重要的。所谓的"安心网络",用另外的说法就是支持网络(Support network)，指的就是在当自己有问题或不安时，是否有人能够协助自己，或是日常是否有人会与自己交谈说话。而充实网络则是兴趣同好、朋友这类与生存价值有关的网络。

失去安心网络会让人陷入孤立状态，失去充实网络则会让人变得孤独。

当人越是长寿，就越常遇到与朋友诀别的情况，但朋友的死亡却与充实网络的丧失，也就是孤独有着莫大的关连。所谓的朋友，正是与自己生活于同一时代并且拥有共同体验的人，所以当朋友去世时，就表示拥有共同回忆的人也从此不在人间。不过，与双亲去世时一样，朋友就算离开人间还是能够长期维系彼此之间的连结。只要向深藏心中的朋友倾诉，感觉朋友仍存在于我们身边，朋友就能一直活在世上，我们也就不会感到孤独了。

另外，到了80岁之后，生活圈会比70多岁的年龄层来得更为狭窄，而且比起出门和朋友们做点什么事情，也更偏向在心情上探索深化自己的内在世界。就算实际上渐渐无法和朋友们见面，但若与自己心中的朋友谈天对话，并且追求自己内心认定的重要事情，内在的心灵世界也是能够更加丰富的。

　　不过，因为老人健忘的情况会不断增加，大脑的认知机能也会渐渐变差，所以似乎很多人都会觉得上了年纪之后"智力"也会跟着衰退，不过这种想法可是错误的。其实，人的智力可分为两种，一种会随着年纪增加而衰退；一种不会因为年纪而衰退。会随着年纪增加逐渐衰退的智力被称为"流体智力"（Fluid intelligence）；而不会因年纪衰退的智力，则是称为"晶体智力"（Crystallized intelligence）。

　　流体智力之所以会随着年纪增长而衰减，原因就在这种智力属于一种可以左右大脑功能的软件。所谓的"流体智力"，就是计算速度与图形处理等等这类的信息处理的能力。不过，相较于这种智力，"晶体智力"则是理解力、洞察力、内省力等等基于经验才能获得，同时更需多方思考之后才能提升的智力。这种能力并不是脑部一次能够完成多少工作的信息处理能力，所以即使年华逐渐老去也不会消失褪去。

　　加上作为洞察力、内省力基础的经验与思考能力，都会因年纪增长而持续累积，所以就算上了年纪，还是可以阅读书籍、观赏电影，或与去世亲友们在心中交谈等等，只要多多累积内在世界的经验并深入思考，一样可以让晶体智力不断提升。

对于人类来说，真正重要的并不是信息的处理能力。如果要比较计算的速度，人类永远也比不过计算机。对于人类来说，重要的还是能够被称为"贤者智慧"的敏锐洞察力与深刻理解力。只有这些能力才是真正的"晶体智力"，而且还能随着人生的生涯延续而不断有所提升。

> 年轻时的偶像与明星的死讯。
>
> 彻底告别青春时期自由的未来展望，
>
> 掌握老年期生活的未来展望。

听到年轻时最爱的偶像与明星死去时，我们都会有如失去自己身上一部分那样大受打击。即使遇到身边的亲友去世，因为双亲与自己分属不同世代，所以我们并不会因他们去世而产生重叠的感受。可是，这些偶像与名人生命的陨落却会与我们自己有所重叠。

这是为什么呢？原因之一是这些偶像与明星都属于

强烈的"自我涉入"（Ego involvement）对象。所谓的自我涉入，在日文中被译为"自我参与"，也是指自己与该对象有所牵涉。这里的对象并不限于人，就像是喜欢车子的人，就是对于车子有着强烈的自我涉入。年轻的时候，我们都会将自我投射在偶像或明星身上，或是觉得自己也能和他们当好朋友，进而对他们拥有强烈的自我涉入。

因此，在听到他们去世的消息时，就会产生自己也失去人生一大重要部分的感觉，并且感到大受打击。

受到打击的另一个原因是当自己年轻时的偶像死去时，心里也会明确地感觉自己的青春时代已然结束。

所谓的青春时代，正是一个无视实现性而拥有丰富未来展望的时代。也就是说，在这个青春时代，梦想是否能够实现一点都不是问题，不管多少梦想还是可以自由地描绘未来，就算拥有自己会成为明星、或是成为明星恋人这类的未来展望也是自由的。不过，当这些偶像与明星去世的时候，我们就不得不有所自觉，那就是这种能够抱持着无视实现性未来展望的自由已经就此中断了。也就是说，我们在这样的时刻里了解到我们再也无法获得这种青春时代的自由了。

只是,青春时代里自由奔放的未来展望,其实也是我们获得自己未来性格的能量,所以无法在老年期持续拥有这种未来展望也是没有办法的,但取而代之的是在老年期时拥有老年期的未来展望。这时我们能够拥有的是数量少但却重要、不够宽广但却深入的未来展望。那么,我们究竟要到哪里才能得到这样的未来展望呢? 答案就是自己的内心。

凝视自己的内心,找寻连自己也不了解的自我,并深化自己喜爱而持续在进行的事物。抱持着智性的好奇心,提升晶体智力,这类的事情将是通往老年期未来展望的最佳途径。

4. 人生事件——"配偶的死亡"

死别带来的失落感、接受死亡。

当配偶处于病危之际,

人会陷入不安与混乱之中,并对丧失作出心理准备。

朋友曾经告诉我这么一件事。之前友人母亲因脑动脉瘤破裂而病倒，被救护车送到医院后的隔天早晨，留在家中的父亲，竟然在清晨五点起床煮了一锅味噌汤。

　　其实，我很了解这位父亲的心情，当面对长年相伴左右的妻子从今以后不知会变得如何，而且有可能会死掉或是长卧不起的情况，心里只是充满了混乱与不安吧。

　　将来也不知道会变成什么样子，妻子的病情是如此，自己的心情也是如此。因为对于自己未来的心理感受也无法预测，所以才会起身动手做些能够预测的事情，像是吃什么这类必须思考，或是必须亲自动手烹煮食物等等各种事情。

　　虽然这种由自己动手去做至今都由妻子负责的事情，可能是一种下意识的行为，但也有可能是要提前感受丧失的动作，或许是对于失去妻子的一种心理准备。但反过来说，这种行为也可以说是还没有办法作好心理准备的表现。在大多数的情况里，男性都不会认为妻子会比自己早走一步，所以没有这样子的心理准备，当然也因为没有心理准备而无法预测自己的心将会产生何种变化,因此就会产生非常苦闷烦恼的反应。

不过相较于这种情况,女性们给人感觉多半都是认为先生会比自己早死。大概是因为先生年纪多半较大、而且女性寿命较长之故吧！但也不是说,心理有所预想就能保持镇定而不感到混乱。更何况,就是因为这个预设的想法,才会让死亡正式到来之前的时间特别感到不安,因为这表示妻子心里必须一直怀抱着这种将来就会丧失的不安感。

尽管如此,若是心里预先做好准备,当遇到配偶真正去世的情况时,说不定重新站起及恢复的速度是比较快的。有些人因为事故及灾害而在突然间失去配偶,不管经过多久也始终无法接受对方的死亡。

此外,配偶死亡的年龄也会导致后续恢复情况的差异。一般说来,年纪尚轻时似乎恢复期也是比较短的。前些日子,有位在 80 岁与先生死别的太太这么说道,"两个人好不容易携手过着独立的生活,但是在先生离开人世之后的每一天,我的心里都感到非常的伤痛与辛苦。"从旁观者的角度看来,上了年纪还是夫妻两个人一起生活,实在令人羡慕,但现实终究还是会有一方先走一步,其中一个人被独留于这个世间。这个时候，常常会出现失去重新站起欲望或是无法自行度过日常生活的现象。

遇到这种情况时，周围的人要多多留意并且伸手给予援助。也许年纪尚轻的时候能够依靠自力恢复，但超过 80 岁之后，要想一个人打起精神再次站起，实在是一件非常困难的事情。再加上配偶的角色居于安心网络与充实网络的最顶端位置，所以配偶的去世，也代表另一方有陷入孤立与孤独状态之虞。

本节文章开头所介绍的友人父亲，后来真的面临了妻子撒手而去的悲伤结果。不过，听说朋友之后搬来与父亲同住了一段时间，而且持续了半年左右的期间每天打电话给父亲问好。若像这位父亲一样得到孩子的支持那就好，但如果是没有孩子的人，就必须接受朋友及邻居等人的帮忙，抑或是民生委员（注：日本根据民生委员法而配置于地方的义工，具有一定公务员的权力，主要工作内容是为地区居民提供各种援助及咨询）或是地方机关的协助。因此，重要的是平常就必须降低内心的防备与隔阂，并向外界表达自己的感受，更需让大家知道自己的存在。

> 不要抑制悲伤。也不要过度执着。
>
> 重要的是继续维持两人之间的情感连结。

　　压力程度最高（分数为100）的人生事件，就是配偶的死亡。也就是说，配偶的离世被认为是在心理方面最为严酷的打击，所以要想顺利度过这段时期是非常艰难的。

　　失去配偶的悲伤就如同文字一样，是一种仿佛失去一半自己的巨大伤痛，所以千万不可抑制这份悲伤。有些人因太过害怕悲伤的感觉，所以将哀痛之情掩盖心中，没有在这段期间充分发泄忧伤，结果这时的哀伤没有被好好处理，反而导致痛苦的时间更加漫长。所以，当不幸失去配偶时，尽量发泄哀痛与悲伤才是最重要的。

　　不过，虽说不要抑制悲伤难过，但也千万不要深陷在痛苦之中。对于失去配偶过度执着的状态被称之为"病态哀伤"（Morbid grief），更为专业性的说法则是"复杂性悲伤"（Complicated grief），也就是沉溺痛苦而无法恢复精神、重新站起来。所谓的病态哀伤，是指悲伤难过的心情长期持续。甚至具体地说，就是死去的人经过好几年都仍然盘踞心中，无法接受已经离去的事实，导致情绪始终处于沮丧低潮的状态。一旦出现这种情况，就必须援请专家协助治疗了。

那么，又该怎么做才能避免陷入病态哀伤之中呢？答案就是不要因为死亡而切断情感的连结。认为彼此之间仍然紧紧相系的想法，也就是所谓的"延续性连结"是非常重要的。虽然在面临亲友死亡之际也会有这种情况，但是当生命发生配偶离世如此重大的打击时，"延续性连结"更具有特别重大的意义。这就是对于肉体即使消灭，但对于配偶的思念仍存续在自己心中的事实作出明确清楚的认知。最重要的是自己要能感觉逝去者仍活在自己心中。

最近，住家内设有佛坛的家庭似乎越来越少了，但若能朝向佛坛合掌祈愿，或做些供奉清水、白饭等行为，其实对于维系连结是很有帮助的。如果没有佛坛的话，以照片或是遗物替代也是可行，只要面向此处双手合掌祈愿，我们就会在不知不觉中对着故人开始说起话来。像是"我们每个人都很好，你不要担心喔！"或是"孙子已经开始就业了"等等，虽然只是在心里低语倾诉，但这么一来就能自然而然地维持着情感的连结。

此外，目前也有一些研究的主题是关于在世时该抱持何种连结，以及去世后该抱持何种连结。具体解释的话，就是在配偶去世前就问过对方想法，并向配偶确实传达自己心情的人，比较能够在配偶离世之后顺利维系这种情感的连结。事实上，有些人是突然间生了急病而陷入意识昏迷的状态，或许进入紧急状态后就很难做到这些事情了。因此，大家不妨尽可能在平常就告诉另一半，对方对于自己来说是一个什么样的存在，并且互相传递彼此的心情与感受。

> 拉近与宗教、冥界之间的距离。
> 周围的人们陆陆续续离开人世，
> 心中若有"冥界"的想法，会变得比较轻松。

去年，我收到了某个大学时代研讨班学长去世的消息。当时他才刚过 60 岁不久，发现罹患癌症后就很快撒手人寰并离开世间。

这位学长因为父亲早逝，所以把研讨班的指导教授视为父亲一般敬慕，毕业之后也一直保持着亲近的往来。似乎在日常生活里也是多方照料，所以指导教授在七八年前去世之后，就把讲义教材的笔记传承给了这位学长。这位学长后来在去世前一年，不知什么原因就把这些讲义笔记全数原封不动地予以 PDF 化，并发给研讨班的小组成员。分送完毕时正值秋天，等到新年到来之际就发现自己罹患癌症，未能等到春天来临就离开了人世间。

接到他去世的消息时，我们每个人都异口同声地说，"老师在等他呢！""老师说可以去找他了吧！"我自己和研讨班的同学们，平常虽然都不会认为自己死后会前往"冥界"这个地方，但是面对自己如何在心中处理年纪尚轻的学长离开人世的消息时，还是采取了这样的解释方式来安定自己的心情。

现在，除了上面这些字面的说法之外，我自己心里也觉得可以更加深信"老师已经来迎接他了"这样的想法。把学长的去世想成是"他可以到老师那里去了"的话，对他也是比较好的，而我们自己也可以借此填补他的去世所造成的内心空洞。

拥有宗教信仰的国家与个人对于这样的解释方法都已经有系统化的结果。举例来说，基督教将死亡说成"蒙主宠召"，听起来多么让人羡慕啊！我们大多数的日本人都没有特定的宗教信仰，在面临年老后周围亲友陆陆续续去世等情况时，要怎么接受这些事情就便成了一个很大的问题。

我们日本人常常认为"死了就什么都没有了"，或是"死了就变成单纯的物体了"。不过相较起来，认为人死之后能够与去世的双亲及配偶相会，在心情上也会轻松许多。这并不是只要去相信特定的宗教或是特定的某件事情，而是要在心里保有"冥界"的概念即可。

这跟我们前面提到、开始与亡者说话以持续维系着情感连结的做法是一样的道理。面对亲友遗像并在内心深处倾诉情感时，也可以说此时"冥界"就真的存在于我们心中。举例来说，当我们以清水及米饭供奉死去的先生或太太，同时在心里向他们说话时，除了配偶之外，应该也会和记忆中的许多人开始说起话来。这么一来，就会让我们想起那些人"不知道在那个世界里过得如何？"也就是说，这样可以让我们在心中持续有着"冥界"这种空间的存在。

对于我们来说，这种方式也成为了一种接受自己死亡的预先准备。保有与亡者之间的情感连结，并在心中以冥界的观念来向他们倾诉心语，也会拉近自己与这个世界的距离。借助内心与双亲及配偶的对话，也可以让我们不再恐惧自己死亡的到来。另外，向神佛祈愿也会成为一种接受自己离开人世的准备动作。只要能够这么做的话，就算年纪老去也仍然可以得到幸福。死亡与冥界就在我们身边，绝不是什么不好的事情。

90 世代
（90 岁—　）

持续保持智性的好奇心，深度拓展内在生活圈的年代

进入 90 世代这个年龄层后,就来到了人生的完熟期。到了这个年纪,配偶与朋友、故交大多已经去世,周围几乎没有和自己同一世代的人。加上身体也更趋衰弱,若没有旁人的协助根本就无法生存下去。因此,这样的年纪往往会让人以为,此时会体会到强烈的孤独感,或是精神活动也出现衰退的情况,但是实际状况却绝非如此。

　　虽然这时会因为身体衰退而使得生活圈范围有所限缩,但只要持续抱持着智性的好奇心,就能让内在生活圈,也就是内在世界更加深化。此外,以去世的配偶为首,那些无法见面的人们与自己之间的连结也更加坚固,所以几乎不有什么孤独感。反而是老人特有的正向效应愈发明显,所以很容易感受到前所未有的幸福感。

　　即使身体机能衰退仍拥有丰裕的精神性,并能幸福生活的长寿者可以为年轻的世代带来希望。就好像成熟的果实能给予生物恩惠一样,迎向完熟期的人也会为周围人们带来巨大的德惠。

1. 人生事件——"失去步行能力"

> 身体开始无法随心所欲地行动。
> 即使必须乘坐轮椅，只要对于人生仍有爱恋就无所谓，
> 问题是断绝眷恋的时刻。

　　一旦无法行走之后，日常生活就会变得非常不自由。就算可凭借使用轮椅来达到移动的目的，但只要出现些微落差就必须借助他人之手。因此，胜任感与自我效能感都会随之低落，但比起来问题更大的是自尊心受损以及对于人生再无眷恋等部分。

　　人从孩提时代就会被一直要求必须自立生活。当身体、精神、经济等方面都能自立时，才会被认可为"成熟独立"的大人，并由此获得身而为人的自尊心。因此，一旦面临必须接受别人协助才能生活的状况时，心里就会产生自己并非独立成人的感觉，自尊心也会觉得非常受伤。

此外，因为害怕被别人同情而使自尊心再次受到伤害，所以内心的想法就是"不想让别人看到自己无法独立的悲惨模样"，加上日本人有着特别的"耻"的意识，更是加深了这个问题的严重性。这么一来，就算旁边有人愿意协助，也准备了轮椅，但还是不会想要外出。如果不外出走动而一直躲在家里，就会陷入"自己已经没有用了"的悲观想法中，慢慢失去生存下去的想法，也是不难想见的。

社会上之所以会有陷入这种状态的人，我想应该是因为日本人太过重视"自立"的缘故。政府因重视"自立"，所以拼命鼓吹健康寿命的延长，就连看护现场重视的也是"协助自立"，而非"协助自律"，而这样的情况我们也已经在前文当中探讨过了。如果认为自立是很好的，并且由看护来帮助老人自立，被照顾的那一方也会有相同想法，所以当自己无法自立需要看护时，反而会造成自尊心受到伤害。

这种想法也许太可笑，但所谓的"看护"，是在人们无法自立时才会需要的照顾，所以这时应该给予的援助是"自律"。也就是说，"看护"并不是要让无法行走的人能够自行走动，而是要尊重不能走动的人"想要出门"的意志，并且加以协助实现，这才是真正的"看护"。

说到这里，这个部分我们暂且搁下，至于不能行走之后，会不会拜托别人"请帮我推轮椅，我想要出门四处看看"，这却是和当事者对于人生是否仍有依恋或是爱慕有着极大的关联。如果想着，"我已经没有用了，如果要让别人照顾并看到自己悲惨的样子，那干脆就这样老死算了"，并对人生失去眷恋，甚至切断所有依恋的话，之后得人生当然也会过得很辛苦。

　　若是能够对于人生抱持着爱恋，并有着"还想要出门观赏戏剧，也想要外出旅行"，或是"外出眺望蓝天实在是再美好不过"等想法，就算无法行走而必须乘坐轮椅，还是能够让未来的人生活得丰饶富裕。如果屈服想法而不愿活动身体的话，人也会跟着越发衰退软弱，所以最重要的还是切勿失去"自律"。

进食与生存的本质是息息相关的，

上了年纪也要持续保持进食的欲望。

　　在我经常访问的特别养护老人中心里，有位 112 岁

的人瑞。我的研究伙伴曾经拜访过这个人,在向他说明"我们要进行这样子的研究调查"时,这位老先生似睡非睡,看起来迷迷糊糊的。不过当他看到伴手礼里的"最中饼"(译注:日本传统和果子,外壳为糯米酥烤薄皮,内为绵密的红豆沙馅)时,听说当场眼睛马上发亮开始吃了起来。后来这个研究伙伴跟我说了这么一句话:"啊,我想就是因为有着这种想吃的欲望,这个人才能够如此长寿吧!"就如同他所说的,我也是这么认为的。所谓的"吃",其实与生存的本质息息相关啊!

不过,这里想问大家一个问题,大家知不知道日本有个"8020"运动?这是厚生劳动省与日本牙科医师协会所共同推广的运动,也就是"到了80岁也仍保有20颗的牙齿",因为拥有20颗以上的牙齿就能自主咀嚼进食。这项运动开始于1989年,据说当时80岁以上长者还保有20颗以上牙齿的比例为8%,且平均存留牙齿数目只有四到五颗,但到了2007年时,拥有20颗以上牙齿的人已经到达25%。人类的牙齿全部共有28颗(包含智齿就是32颗),所以拥有20颗牙齿,就表示保存了七成左右的数目。

那为什么牙齿是如此重要呢？答案之一是因为这与营养摄取的问题有关。牙齿不好就没有办法食用较为坚硬的食物，其中最具代表性的就是肉类。相较于谷物、根茎类、鱼类等食物，肉类是比较坚硬的，如果牙齿状况不好就难以食用。不过，肉类本身是一种营养丰富的重要食物，就算很多人认为肉类富含胆固醇，应该避免经常食用，或是上了年纪之后鱼类才是更加适合的选择，但其实除了特别疾病的人以外，上了年纪之后每天都摄取肉类才是比较好的。之所以会这么说，那是因为肉类不仅富含高龄者容易不足的蛋白质，还有许多铁质、脂肪等等，能够让人有效率地摄取到足够的营养素。

我们经常可以听到长寿的人都很爱吃肉，但事实上是相反的，也就是他们喜欢吃肉才能长寿。听说三浦雄一郎先生也是每天都会吃肉，而日野原重明医师（注：出生于1911年，为日本著名医师。他将健检制度导入日本，为日本预防医学之父，在医学相关领域有着极大贡献。身为百岁人瑞，他仍然每天看诊，积极参与各种活动）喜爱吃肉也是广为人知，甚至连森繁久弥（注：1913—2009年，日本著名歌手。在歌唱、戏剧、电影等方面都有

卓越表现。1991年获得日本文化勋章，为流行文化界第一人）及森光子（注：1920—2012年，日本著名女演员在乐坛、影坛都有杰出成就，曾获颁紫绶褒章、文化勋章等奖章）也同样都是肉类爱好者。

到了高龄之后，食量会自然而然地减少，所以一旦牙齿状况不好就会形成一种压力。特别是没有经过充分咀嚼就无法食用的肉类，往往只能敬而远之，然后就会陷入食量更少的恶性循环。

如此一来，从肌肉出现衰减现象的肌少症（Sarcopenia）到运动障碍征候群、莲枷胸（Flail chest）、"老年征候群"等各式各样病症就会开始陆续出现。

如果还有牙齿的话，就能在毫无压力的情况下食用各种食物，进餐也会带来许多快乐开心的效果。因此，大家务必要好好重视牙齿，就算没有了自己的牙齿，也要确实装填假牙，因为食用美味的食物真的是非常重要的啊！只要能够感觉食物"很美味"，就能转换为"想要继续吃美味的食物"或是"想要吃更多美味的食物"等等人生的依恋，以及"能够感受到食物的美味真是太棒了"这种对于人生的爱好，也能够增加生存下去的意愿。

所谓的"吃",是身为生物的根本性需求,当得到满足时就可获得极大的喜悦。人在借助摄取食物来维持生命的同时,也因为想吃、觉得好吃等等感受而维系继续生存下去的意愿。

> 当眼睛看不见时,信息就会变少。
> 当耳朵听不见时,就会变得孤独。

到了 90 岁以后,有些人就会出现眼睛看不到、耳朵也听不到的情况。在 70 岁这个年龄层对于助听器等辅助工具还很抗拒的人,到了这个年纪之后也大多需要使用这些辅具了,但有些人就算使用了这些东西,还是会出现无法顺利维持视力与听力的情况。

人会借助视力来获取大约八成的信息,所以一旦失去视力,得到的信息量也会跟着减少,想要满足智性的好奇心也会变得更难。另外还会造成交际范围的缩减。

如果是耳朵听不到的话，会造成当事者的孤独感升高。原因是在于人的情绪会比表情还常显露在声音的音调当中，所以失去听力后想要理解对方情绪就会变得困难，同时也会失去与他人有所连结的感觉。加上与周围人们接触时，对方虽然可以马上分辨视力不佳的情况，但听力不好的人却是必须有开口才会知道。因此，一旦没有得到必要的协助时，有时甚至会出现孤立的状态。

当因为老化而开始出现视力、听力都有所恶化时，心里若有"上了年纪也没办法"的丧气想法，就会无法保持智性的好奇心，甚至有可能变得更加孤独。因此，只要出现视力恶化情况，就要赶紧确实检查。如果是白内障就接受白内障的治疗。当耳朵听东西开始吃力时，务必接受听力检查。若有治疗的可能性就赶紧治疗，并且装上适当的助听器。

另外，因为也会出现使用至今的眼镜与助听器不再合用等情况，所以不要忍耐不适的状况，务必延请医师加以检查诊断。

一旦到了 90 岁之后的高龄期，身体的五感也全都出现衰退的现象。如果感觉脚部、腰部等处衰退弱化，有时也会导致心情跟着衰老低落。不过，现在市面上有各式各样看护身体不足的辅用道具，所以老了以后无须对此有所抗拒，若想要衰老之后还能活得更加方便的话，就要利用这些辅具来消除各种身体的不便。不管活到几岁，维持这种积极的态度才是最重要的。

2. 人生事件——"委托他人管理金钱"

> 将存折与钱包委托他人保管。
>
> 金钱是社会势力的象征，
>
> 将金钱委托他人保管，会损及自我效能感与自尊心。

当年纪渐长而无法自行管理金钱之后，有时必须将存折与钱包委由他人保管。大多数情况都是交给孩子，但有时也有委托甥侄辈与监护人的例子。不管是谁，这终究是自己开始无法自行管理金钱，社会自立度低落的表现。为什么说是社会自立度低下呢？因为这时已经无法自行维持借助金钱而与社会有所连结的行动了。

举例来说，这个时候普遍的状况就是想要出去走走时，因为无法自行支付费用，所以一定要跟着某个人才得以成行。

这和身体不方便而无法出门的情况并不相同。即使无法出门的结果一样，但人是社会的动物，一旦无法作出社会性的行为时，对于心理会产生莫大的影响。人在成长的过程中会逐步构筑社会关系，并将社会的网络逐步扩大。但是如果自己无法掌握金钱管理，而导致与社会之间的关系中断，已经扩大的自我就会瞬间缩小，不仅仅是自立，甚至连自律感都会受到伤害。

更何况金钱是一种社会势力的象征，所以一旦无法管理金钱时，也会失去社会势力。这么一来，也就无法影响他人，自然只能跟没有钱也会照顾自己的家人或亲近的人往来。这种状态一直持续的话，就会损及自我效能感与自尊心，有时甚至会造成身体即使无恙但仍关在家里，或是极度忧郁等状态。

为了预防这种情况，就算已经无法自行管理金钱时，还是要维系与外在世界之间的连结，同时也要努力保有社会性的关系。举例来说，如果发现自己有需要的东西时，可能请别人帮自己买回来就好了，但这样并无法维持与社会之间的关系。

如果请别人和自己一起出门购物的话，就可以维系这种与社会之间的连结。需要用钱时也是如此。拜托别人到银行领钱回来同样无法维持自己与社会之间的关系，所以无法领钱并不是问题，而是自己与社会之间的连结被切断才是比较严重的问题。应该采取的做法是和某个人一起去银行，在自己面前领钱就可以了。

大家若有机会造访赡养设施就可以了解了，每个人到去世之前都还是非常在意金钱的，包括罹患失智症的人也是如此。因为入住赡养设施并不需要用到钱，但患有失智症的长者还是经常嚷着："让我住这里不可以没付钱，那我的钱呢？"或许，他觉得能够留宿于此就是收到他人的赠予时，为了保有自尊还是需要金钱的力量吧。因为免费获得某些事物就等同于接受他人的施舍，也是认同自己就是弱者吧。

3. 人生事件——"只有入睡与起床的每一天"

> 活在回忆之中。
>
> 频繁地想起孩提时代与父母的回忆。
>
> 感受到与无法见面亲友之间的连结。

超过一百岁的长寿人瑞在日本被称为"百寿者",但不知道大家是否了解日本到底有多少"百寿者"？根据一份由1963年开始的统计,可以知道日本的百寿者在当年度为153人,那大家可能会猜说目前的百寿者大概是1 000到2 000左右吧！不过,真正的答案是2014年的现在,日本总共有58 888位的百寿者。日本百寿者的人数在51年之间整整成长了384倍。而且估计到了2050年时,百岁以上人瑞应该会到达69万6千人(数据源：日本国立社会保障,人口问题研究所)。

虽然日野原重明医师在接受采访时曾回答说,"100岁！这可是理所当然的啊!"看起来这个理所当然的日子,似乎也是不远了。

只是，在这些百岁人瑞当中，日常生活大致上还能自理的人数约为二成左右。这也代表在超过百岁高龄后，很多人都已经难以自行活动了。那么，这些长者会不会有负面的情绪呢？答案是没有的，他们对于今后生活的满足感与幸福感并不会因为身体机能逐渐下降而低落，反而是以80世代这个年龄层为明确界线而逐步升高。

人在70世代这个年龄层左右，因身体机能下降而无法自行处理的事情会慢慢变多，心情当然也会焦急慌张，但从接近90岁开始，那些否定性的情感会慢慢消失而保持着稳定的心情。到了百岁之后，心中有着对于一切都感到幸福的"欣悦感（Euphoria）"的人也会变多。另外，与死去的配偶、双亲、手足这些"见不到的人"之间的连结也会觉得更强，也不太会有"孤独感"。这种近颇受瞩目的不可思议心理状态被称之为"超越老化"（Gerotranscendence）。

至于长寿者的性格部分，似乎女性大多属于"大阪老太太"那样开朗、稍带任性气质的类型；男性则是较为严谨、不易屈服的类型。

"任性"一词听起来似乎会有负面的感觉，但这其实代表自己能够自己决定喜欢的事情，所以也可说是一种自律度很高的状态。举例来说,这类的人就是当心里才想着,"那个人怎么感觉垂头丧气的",结果突然之间连对方的状况都没还问过就又转身一股脑地去做了。

至于男性的话,大多是几点起床、几点做什么等在生活中将日常事项极为规律执行的人。其实,我们就遇到这么一位长者。研究人员当时正和他讨论见面会谈的事情,他表示说,"下午四点左右会到研究室"。研究人员正在心里想说为什么是这个时间时,他回答道:"因为到五点之后我就要去喝酒了"。已经是超过百岁的高龄长者了,应该是想要几点喝酒都无所谓,但因为自己决定不到五点不能喝酒,所以也不会打破这个规矩。

超过 90 岁的这类高龄长者的一天生活,有些是像日野原重明医师那样的活力十足类型,也有一种类型是整天迷迷糊糊却又常常醒来,或是整天反复睡一两个小时后再起来一两个小时。不过,就算身体无法活动,但一醒过来后脑子就会自行运转,所以起来以后也无法一直放空、什么都不想。加上到了如此高龄后,眼睛与耳朵的功能都会变差,也不容易得到外界的信息,所以只能将注意力转至自己本身内在的思考。当身体的活动开始减缓时,精神活动开始变得活泼的可能性是很高的。

那么,这个时候的长寿者们又在想着什么呢? 我们自己在什么事都不做而持续放空的情况下,在意和担忧的事情都会陆续浮上心头,但长寿者们却不是这样的。因为人类会随着年纪增长而在心理上越是趋向正面,所以应该不太会想到负面的回忆。此外,人类还有着"回忆高峰"现象,也就最常想起的是青春时代的回忆。这是因为青春时代常会发生许多伴随强烈情感的事件,所以这些伴随深刻感受的记忆,也就是对自己来说非常重要的事情,并不会随着岁月飞逝而黯淡。

老人们之所以被说是"总是把以前的事给记得一清二楚的",原因就在这里。就算因为老化而使脑部衰退,或是得了失智症,年轻岁月里经历的重要大事终究会以记忆的形式永远留存。因此,长寿者们所想起来的种种回忆,常常会是孩子年纪还小时,努力照顾儿女时候的事情。就是因为这些事情对自己来说是非常重要的回忆,同时也伴随着强烈深刻的情感吧。

换句话说,即使到了 90 岁、100 岁,会浮现在脑海的还是这个人觉得最重要的回忆。正因为如此,也可以说他们会不断想起死去的配偶与双亲手足，并感觉到他们就在自己身旁。这些高龄长者们其实是活在人生最重要及正面的回忆之中。

深化内在的生活圈。
不论几岁、不论处于何种状态，
只要持续保有智性的好奇心，就能深化内在的生活圈。

　　年轻的时候我曾去过某家赡养中心。当时有位高龄百岁但双眼全盲必须整日躺卧床上的女性表明想要见我。我敲敲门并打开门后，走到了床边，忐忑不安地向她问好道，"早安！"。结果这位女性竟然回了我一声"Hello！"。老实说，我对她那明朗的声音是非常惊讶的，因为我收到的信息是一位"双眼全盲又只能整日躺卧床上的超高龄者"，所以就自以为是地抱持着负面的想法。我自己对于这位女性为何如此开朗感到非常不可思议，所以便试着问问看她的想法。

她说自己最喜欢 NHK 广播的语学讲座节目，所以每天都会聆听法文、意大利文、中文等各式各样的语言讲座，而且也会在课程之间的空当聆听节目介绍的各国景色，像是法文讲座介绍的巴黎景象，意大利文讲座介绍的罗马景象等等，听完之后她总忍不住驰骋在自己的想象当中，心里大叹，"原来是这样的地方啊！""原来是那样的地方啊！"她告诉我说，虽然没有去过那些地方，但只要在心里想象着那些不熟悉的城市，她就会感觉到非常的幸福。

她活用了听力这个自己剩余的能力来开心生活，而且听说在赡养中心时常聆听广播的人们之中，语言讲座是非常受到欢迎的。从她开始，那些在赡养中心聆听语学讲座的人们应该是不至于会想要"学习语言之后到海外去旅行"。因为他们都很清楚自己根本无法从事那样活动。如果是这样的话，综艺或是相声之类的节目才是更有趣吧！

但为什么是语言讲座呢？真正的原因就是智性的好奇心。明天会教什么词语呢？学会打招呼的词语之后，也会想要了解买东西会用到的词语。明天又会听到什么故事呢？罗马之后，又要介绍哪个城市呢？像这样保持着智性的好奇心来期待语言讲座的节目，也会成为一种对于未来的展望。

对于语言讲座有所期待，并非只是想着"明天会播送什么内容呢？"而是一种"想要知道更多更多"的心情，这种智性的好奇心不会到了明天就马上结束。所谓"想要知道更多更多"的想法，不仅是有生之年都会持续下去的长期目标，对她来说也是人生的本心与真义。正因为拥有了这个人生最为根本的目标，她的未来展望才会如此正向积极。她之所以能够开朗地说声"Hello"，就是因为她拥有明朗的未来展望，而且正拥抱着幸福的缘故。

我的恩师在生前，经常会提到"完熟"这个词语。在英文里，上了年纪逐渐老去被称之为"Aging"（老化），但这个词汇其实同时也有"熟成"的意思。

一旦步入高龄老年，生活圈也会缩小，但我们还是可以深度拓展自己内心的世界，也就是所谓的内在生活圈。年老之后，进入内在生活圈之中并且探求自己的真我，以及持续追求自己的本心与真义是非常重要的，而"Aging"所抵达的终点就会是人格的"完熟"。

恩师在退休之后，一直到去世前都还是在研究领域持续深耕，而他的心血结晶也由他的爱徒 PDF 化，并且分发给了研讨班的同学们，这是我们在前文提到过的。恩师在其生涯里持续追求着研究这个人生最为根本的目标，并将研究成果这个人生果实留给了我们。在此同时，他也透过自己的生存方式教会我们，"何谓人生的熟成"及"何谓活出完熟期"等等。

人在上了年纪之后，身边亲近的人会一一死去，生活圈也渐渐缩小，所以慢慢地就只剩下一个人。不过，只要能够在心里拥有丰富的世界，就不会出现孤立或是孤独等情况，因为我们能够保持在"孤高"的状态。

所谓的"孤高"，也可以说是虽然不想求人，但并不是孤立；虽然不讨厌孤独，但并非拒人于外。因为心中拥有丰裕的世界，所以一个人也不会感到寂寞，和别人同处时，也可以和他人共有内心的丰饶。或许这就是孤高给人的感觉。

恩师晚年的身影正是孤高最好的诠释，我也认为前面提到的百岁女性同是孤高之人。如果可以的话，我也深深祈愿将来能够活出孤高的境界。但如果想要达到这个目标，就必须再次扪心自问，自己生命中最为根本的意义究竟为何，同时还要持续保持着智性的好奇心，并且深度拓展内在的生活圈。虽然这并不是一件简单的事情，但却不是不可能实现的。

如果想要在人生到达尽头前都能活得幸福，最终的处理方式就是达到孤高的境界及人格确切完熟。只要人生完熟期能够活出幸福感受，就如同我们接收到恩师将生命姿态传承给我们一样，我们也就能够将人生的果实再传承交接给后代了。

结　语

"修订版老人士气量表"(Philadelphia Geriatric Center Morale Scale)是一个用来测量"成功老化"(Successful Aging)程度的指数。这是由美国著名老年社会学者包威尔·罗顿(注:M. Powell Lawton,1923—2001年。在老人领域有着卓著贡献,并致力于阿兹海默症等相关研究)所制作而成的量表,日本也有许多老年学的研究学者曾使用过,而我自己在进行研究调查与面谈的时候,也常常会使用到这个量表。

在这个量表的十七个问题中,有几项会问到受访对象:"会觉得生活是很辛苦的吗?""会觉得生命中有许多悲伤的事情吗?"。在进行面谈调查时,每每问到这里就会看到许多高龄长者们凝视着远方,一一地诉说起他们各自的人生体验。像是喟叹自己被公司背叛而届龄退休的精英上班族;先生被浪荡儿子刺伤而身负重伤,但却无法不担心儿子的太太;告诉我们罹患失智症的姊姊因为不孕而被囚禁在已生下孩子幻想当中的妹妹……

我从这些高龄长者的身上学到了，人生原来有着各式各样的艰辛及哀伤。有大半的长者们都会因为我的问题而回首眺望人生并说起他们的故事，但是他们同时也告诉我说，就是因为度过了这些艰辛的体验，才能获得现在的幸福。

"当时间流逝，总会想起大家"，一位高龄女士说了这么一句话。在心理学的教科书中也记载着，过去的记忆全都会再次重组，而成为回忆人生时的美丽往事。上了年纪之后，不论是痛苦的记忆或是悲伤的记忆，都会和开心快乐的记忆一样，转化成回想过去时的美丽记忆，而每一位高龄的长者们全都知道这是需要一段时间的。

不过，我们可以再重新思考看看，长寿时代的人生幸福究竟是什么？如果没有辛苦与悲伤的体验，应该是无法获得幸福的，或者说，就是因为经历了那些辛苦与悲伤的体验，才能够了解什么是真正的幸福吧？

"要让可爱的孩子去旅行"这句俗语，是一种对于老是不愿让孩子体验辛苦的父母的劝诫。我并不清楚想过着轻松享乐人生的快乐主义人生观，以及超越痛苦才能而过着充实人生的修行式人生观，究竟哪个想法才是对的，甚至是不管追求哪种人生观，人生也不见得能够如每个人所愿。在非洲，有些国家因为内战与瘟疫导致国民的平均寿命至今仍未超过 50 岁。当思考"所谓人生的幸福为何"时，总会让我想到生活在那些国度里的人们。日本也曾经是这样子的，我们的国家成为长寿社会也不过是最近的事情。

我在年轻时不断探索的问题，可能在自己也已经步上年老之路后，还是无法找到真正的答案，甚至也有可能只对我来说是正确的解答。

在 20 岁的前一年，我开始对于老年心理学的相关学习与研究，走到现在也已经 40 年了。当耳顺之年即将到来时，不禁让我回想起这一路上，遇到的许多高龄长者及听过的一个个人生故事，其中有许多人甚至也已经离开人世前往另一个国度。本书所讲述的所有内容，都是我从见过面的人们，以及因书籍、论文而碰面的人们身上所学习、并且持续思考归纳集结的成果。我认为这些全都是即将迎接老年期到来的我，最好的练习问题。

对我来说，出现在眼前的 60 岁之后的中年后期与老年期,应该会对"发生许多悲伤的事情"及"活着实在非常辛苦"等事情体会到实际的感受。不过,我从前人们学到的是,只要超越这些痛苦之后,幸福就在前方。因此,即使是悲伤又痛苦的人生事件,我还是想要轻柔和缓地越过种种考验。

所以,我想预先处理这许多的练习问题也是必要的。虽然我被年老的不可思议给深深地吸引住,但却因自己的年轻而导致有所受限的老年心理学研究终究还是持续了下来,而且现在好不容易也开始能够有所实际体会了。对于各位读者们来说,我深深期盼本书不但可成为"老年"的练习问题,更希望能帮助大家找到各自想要的答案。

佐藤真一

2015 年春

图书在版编目(CIP)数据

老后生活心事典/(日)佐藤真一著;吴佩俞译.
—上海:上海社会科学院出版社,2017
ISBN 978-7-5520-1991-9

Ⅰ.①老… Ⅱ.①佐… ②吴… Ⅲ.①老年人-生活-
基本知识 Ⅳ.①TS976.34

中国版本图书馆 CIP 数据核字(2017)第 119205 号

KOHANSEI NO KOKORO NO JITEN
By SHINICHI SATO
Copyright © 2015 SHINICHI SATO

Original Japanese edition published by CCC Media House Co., Ltd.
Chinese(in simplified character only) translation rights arranged with
CCC Media House Co., Ltd. through Bardon-Chinese Media Agency, Taipei.
译本授权:台湾:晨星出版有限公司

老后生活心事典

著　　者:[日]佐藤真一
译　　者:吴佩俞
责任编辑:霍　覃
封面设计:周清华
出版发行:上海社会科学院出版社
　　　　　上海顺昌路 622 号　邮编 200025
　　　　　电话总机 021 - 63315900　销售热线 021 - 53063735
　　　　　http://www.sassp.org.cn　E-mail:sassp@sass.org.cn
照　　排:南京理工出版信息技术有限公司
印　　刷:上海昌鑫龙印务有限公司
开　　本:787×1092 毫米　1/32 开
印　　张:8.25
字　　数:119 千字
版　　次:2017 年 8 月第 1 版　2017 年 8 月第 1 次印刷

ISBN 978-7-5520-1991-9/TS·007　　　　　定价:38.00 元